金商道

The positive thinker sees the invisible, feels the intangible,
and achieves the impossible.

惟正向思考者，能察於未見，感於無形，達於人所不能。 —— 佚名

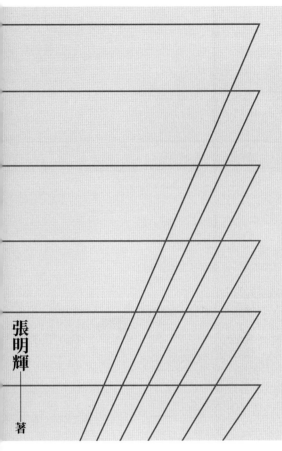

大會計師教你

【增訂版・全新案例】

從財報數字
看懂經營本質

張明輝——著

Financial Statements

Contents
目 錄

一本精彩的財報分析書

鄭丁旺　國立政治大學講座教授

「由於美中貿易戰，今年第一季 H 公司三率齊降。」

「本公司 EBITDA 今年已全年轉正。」

「由於 IFRS 16 今年實施，本公司期初資產、負債分別增加 XX 億元及 XX 億元。」

「5G 開放後，各電信公司又將有一波 CAPEX」……以上這些經常在商業雜誌或電視財經頻道看到的詞彙，都跟財務報表的解讀有關，卻不是一般人都看得懂的，尤其是沒有會計背景的人，更難了解其意涵。

會計界一直在思考，如何使財務報表對使用者更有用，卻也一直困惑於到底有多少人看得懂財務報表？會計界認為財務報表是企業對利害關係人溝通的主要工具，既是溝通工具，就必須講求效果及效率。因此會計準則制定機構一直在檢討財務報表表達

及揭露的內容、結構、完整性及連結性，力求能真實反映企業的財務狀況及經營結果。但是無可諱言，隨著經濟活動複雜度的增加，要想反映經濟活動的結果，財務報表的複雜度亦跟著增加。沒有受過會計專業訓練的人，要想捕捉財務報表中所傳遞資訊的真意並不容易。財務報表既然是一種溝通工具，必須編製者和使用者均了解此「共同語言」，否則溝通必產生障礙。

資誠聯合會計師事務所前所長張明輝會計師，會計專業出身，執行會計師業務三十多年，以其深厚的會計功力，用深入淺出以及生活化的比喻，詳細解析會計報表的內容、結構以及每一項目所代表的意涵，是筆者所見最精彩的財報分析入門書，值得所有想一窺財務報表堂奧的人仔細閱讀。

筆者很同意明輝兄在書中提出的見解：研讀財務報表必須要有對數字的敏感度，不過這一點並不容易做到。也因此，筆者不建議讀者憑一招半式走天下，因為許多財務報表中的數字往往是相互關聯，有些是「此消則彼長、此長則彼消」，有些則是「此消彼亦消、此長彼亦長」，因此必須做整體考量，綜合判斷，才能避免見樹而不見林。就此而論，希望明輝兄能夠再寫一本進階的財報分析的書。

筆者很少一口氣讀完一本新書，明輝兄的這本大作算是少數的例外。看到出版社寄過來的電子檔，打開以後即被書中的內容和風趣幽默的文筆所吸引，深以能先睹為快。謹在此向讀者鄭重推薦。

局勢越亂　越要具備穩健的財務控管能力

海英俊　台達電子工業董事長

　　近年來全球經濟情勢詭譎多變，為企業經營構成極大的挑戰。為了兼顧成長與安定，企業經營者必須比過去更有想像力，也要更加謹慎。

　　以一個企業經營者的觀點，不論企業走到了哪個階段，穩健的財務控管能力都不可或缺，舉凡：優於競爭者的存貨週轉天數、收款及付款天數、資金運用效能、投資報酬率，都是財務控管能力的具體表現。正確的財務報表資訊只是建立財務控管能力的第一步，最重要的是經理人能不能充分理解財務報表所傳達的訊息。

　　在經營管理上，不只是財會主管，企業裡的每一位專業經理人最好都要具備對財務報表數據的理解能力，才能更全面的從企業整體的角度，做出對企業最有利的判斷與決策。

要建立對財務報表的理解能力並不困難，即使挪不出時間參加專業課程，也可以在坊間找到很多教導如何看懂財務報表的書籍來自修。張明輝會計師的這本著作《大會計師教你從財報數字看懂經營本質》具體說明如何理解財報數字代表的意涵，進而看懂經營的本質，最特別的是張會計師以真實企業的實際財報數據做為印證，讀來更容易有所啟發。對於有心了解或精進企業經營者來說，這是一本值得推薦的工具書。

找回會計資訊的真正價值

邱純枝　東元電機董事長

　　一早翻開報紙，看到「提列減損，如興指非營運損失」的相關報導，文中提到金管會要求如興因為認列 11 億元的商譽減損，必須重編 2018 年度財報，公司方面表示商譽價值因為併購產生有主觀判斷的考量。不過，主管機關則認為目前貿易戰，將影響商譽的價值而要求提列減損。

　　這則消息引起我個人的注意，其實是因為，我正在拜讀張明輝會計師新著《大會計師教你從財報數字看懂經營本質》一書。

　　本書第二章〈評估企業的真實身價—從宏觀角度看資產負債表〉，提到如何檢視資產負債科目的品質，並以如興公司為例，說明該公司 2018 年的資產負債表共有 263 億元資產，但因為 2017 年的併購，帳上計有「無形資產（商譽）」80 億元，又增加同業少見的「其他應收款」、「預付款項」、「待出售非流動資產」共 41 億元，也就是，有接近 50% 的資產，其經濟價值

如何？確實存在若干主觀的判斷與精算，實在不是一般外部人可以輕易了解，因此只好依賴會計師的審查。

張會計師在本書中以淺顯易懂的方式，讓讀者可以輕鬆的掌握財報數字的關鍵意義，及其背後所代表的經營訊息。以作者的看法，就投資人角度而言，資產負債表結構越單純，投資人越容易判斷公司的營運（獲利率、存貨水位、應收應付帳款天期）是否符合該行業的常軌，是否有足夠的本錢（流動性、現金流量、舉債能力）對應外部風險。簡言之，本書有如投資人趨吉避凶的參考書，值得推薦！

近年來，財務會計準則不斷增修，企業被要求提供更多且更複雜的資訊，光是一個簡單的長短期投資，已經被分成三、四個不同會計科目，有些損益要計入當期損益，有些要計入其他綜合損益，更有些直接作為股東權益調整項，林林總總改變，除了增加公司會計工作的負擔及困難度，對於讀者而言，究竟提供多少更有價值的資訊？我常感慨，連我這個會計背景的公司負責人，都快要看不懂財報了，投資人又有多少人因為財報揭露日益深奧而受惠？很高興，本書作者，秉持「Simple is beautiful.」（簡單就是美）的原則，引導讀者判斷報表中有用的資訊，不必受到一

些冗長而不知其意的會計科目所困惑。看完書，對於學會計的我來說似乎上了堂溫書課，也從中找回了我所認知的會計資訊的真正價值。

也許，作者著作的目的只是幫助讀者解讀財報，但是，文中所提到的許多觀點，對於經營者而言，也有如警鐘。例如，大量策略不明的投資不論產生原因如何，外界必定質疑公司聚焦經營的能力。過去，國內企業發展歷史悠久者留下的「瓶瓶罐罐」，後人不予梳理者有之，企業經營因為人情而共襄盛舉者有之。多角化經營或許是時代的產物，但誠如作者提醒，隨著產業越發競爭激烈，企業實應以核心競爭力專注於單一事業的擴張。

這樣的論點，未必人人都認同，但，面對全世界獨角獸贏者通吃的趨勢，經營者思維是否也該有所轉變？

本來以為，閱讀會計書籍是件苦悶的差事，未料，每天上下班途中翻閱，很輕鬆的看完，也再次印證我對於「會計資訊能夠反映經營實質」的想法，相信無論是懂不懂會計的讀者，都能從本書中有所收穫！

奮發與豁達—我所認識的張明輝

陳忠瑞　瑞展產經董事長

　　困苦的童年，是激勵明輝奮發向上的原動力；資誠（PwC）的養成，成就一位貧困家庭小孩成為大會計師及所長；平凡的出身，無法掩蓋一位非凡企業領袖的誕生。

　　我和明輝從彰化高中二年級同班，認識至今超過 40 個年頭，明輝無疑是我們班上最優秀的同學之一。明輝傳承及樹立資誠所長選舉民主化制度變革後，自我選擇放下，為資誠樹立典範，如今，明輝把他在商周 CEO 學院及大專院校教學心得，寫成《大會計師教你從財報數字看懂經營本質》一書，兼具活潑生動又專業務實的闡述三大財務報表及財務指標，不只會計同業、財務主管、投資人必看，更是企業主必須熟讀的一本「傳承的工具書」。

火車之子　奮發向上

　　明輝出生於彰化市南郊的「湳尾」，單看地名就知道是個極

度荒涼落後的地區。父親是火車駕駛員，母親是菇菌化學調配員，家庭微薄的收入，必須養育家中四男一女，食指浩繁。明輝是家中老么，但他並沒有因為是么子而特別好命，就讀國小前要到工廠糊紙袋以貼補家用，因此從小就培養出堅毅及奮進的精神，好學進取。

在當時高中仍然是「能力分班」的制度下，和明輝高二同班時，他的功課就非常優秀，之後一舉考上台大商業系會計組，這在窮鄉僻壤及貧困環境中，也算是一個勵志的典範。

正宗學院派與務實派

明輝在台大商業系會計組受的教育，當然是正宗學院派，尤其是台大會計系名師如雲，以明輝勤奮的求學態度，自然扎下深厚的學術根基。明輝在大學時代，除了會計名師薰陶之外，他特別喜歡跟經濟及歷史相關的課程，從經濟與歷史的視野中，薰陶出宏觀的心胸，更讓他領悟到人生不只是單純的對或錯，更多時候是選擇題而不是是非題，史觀領悟培養了明輝往後對職場和人生的務實態度。

1984 年，明輝進入資誠工作。

對於出生貧寒的明輝而言，一份收入穩定的工作，是初入社會最務實的選擇。至於基層會計師的苦差事，對於從小就到工廠工作的明輝，根本不以為苦。他花了五年時間幫忙還清家中債務，同時存下一筆出國深造的資金，克勤克儉就是想要更上一層樓，之後再拿到資誠的獎助學金，遠赴美國德州大學奧斯汀分校攻讀碩士，不僅考上美國會計師執照，同時也拿到在美執業的資格，真的是名符其實的學院派加務實派。

資誠的養成與傳承

明輝學成歸國後，即奉派至中壢開設中壢分所，之後歷任審計部門、風控長、審計部營運長、執行長，並在 2013 年 7 月升任為資誠會計師事務所所長，登上事業頂峰。在資誠一路以來的養成，是明輝一生中最感恩的事。

資誠是台灣四大會計師事務所之一，而且資誠不像其他事務所是靠著合併而擴大，而是自生成長。台灣資誠由台灣大學朱國璋及東吳大學陳振銑兩位教授共同創立，創辦人及後續領導人在業界具有極度權威和聲望，造就了資誠的菁英領導文化，直到前任薛明玲所長才逐漸改變，至明輝擔任所長之後，更立下民主

選舉所長的自由文化與制度，並將所長退休年齡由 58 歲延至 60 歲。

　　然而，明輝自己在第一任所長任期結束時尚未到達 60 歲，他毅然退下所長位置，交棒給周建宏所長，立下最高典範，其捨下與傳承精神令人敬佩。此外，明輝每逢過年過節都會帶領同仁拜訪兩位創辦人的眷屬，更常常教誨資誠同仁，兩位創辦人對於「公益及社會責任」的初心，不但傳承了資誠的企業文化，並樹立了資誠民主化的里程碑。

與人為善　專業服眾

　　明輝的個性溫良謙讓，跟同學、同仁的感情非常好，又樂於助人、與人為善，所以天下之大幾乎沒有敵人，全是朋友。這種自然孕育而成的領袖氣質，在人才濟濟的事務所中更顯光芒，也因此毫無背景及關係的火車駕駛員之子，逐步在會計界成為一位傑出的領導人。

　　優秀的明輝，2016 年當選彰化高中傑出校友，還曾擔任彰中 67 級同學組成的「華陽會」會長，充分展現他擅長組織、溝通的領袖氣質，並常常分享他的會計專業給周遭好友，成為大家免費

的顧問。在闡述會計專業時，他深入淺出、引經據典的解說，其熱忱及專業折服所有好友，有同學如此，實人生一大榮幸。

捨得放下　豁然天人

明輝於 2017 年卸下所長重任，專任資誠文教基金會董事長後又退休，友人問他接下來要做什麼？他半開玩笑說，「就是什麼都不做。」這種完全放下、捨棄權位的風範，在眷戀權位、以利益導向的社會 ，更形彌足珍貴，令人敬佩。

當然，深懷專業及經驗如明輝，念茲在茲的資誠精神就是──會計師是「公益事業」。退休以後，他致力於傳承這個崇高的精神，常常受邀至各大學如東海、中正、台大等，傳承其專業與理念，尤其對於「保護投資人」這部分，更是不遺餘力宣導。現在明輝把他三十多年的專業實務經驗，寫成《大會計師教你從財報數字看懂經營本質》一書，實為讀者之福也。

目前明輝跟著眾多同學、好友，一起旅遊、打球，學習投資，並花很多時間陪伴家人、小孩。身為老同學，衷心祝福一路走來，始終勤奮如一的明輝，得以享受未來。

「大會計師的投資財報套書」是投資、管理人必讀的好書

Jenny　JC 財經觀點創辦人

　　「大會計師」系列的兩本書，是我認為投資、管理人必讀的兩本好書！以往財報相關書籍都是著重於理論，但張明輝老師的書將理論與實務完美結合。《大會計師教你從財報數字看懂經營本質》以護國神山台積電為範例，剖析三大財務報表如何串聯，從數字中檢視經營本質，進而從報表中預測未來，再延伸至個別產業之應用。

　　股神巴菲特認為投資人應以經營者的角度去評估公司，擁有閱讀財報的能力讓我們可以具備商業思維，做出正確的決策。有別於過去大家對於財報是落後指標的迷思，事實上看財報的目的是評估公司未來能否獲利，以及獲利是否具可持續性？

　　能創造長期成長的公司更有機會帶來股價估值上漲，投資人透過財報抓出關鍵成長驅動力，除了為你帶來超額報酬，更重要的可以避開重大地雷，保護投資組合不受重大傷害。

書中張明輝老師就資產負債表、損益表與現金流量表所扮演的角色不同，透過流暢的文字完美串連三大財務報表，強化讀者對數字的敏感度，將直覺與經驗進行量化，對內與對外都能提升管理品質。

　　資產負債表所呈現的是一家公司的內在美，檢視公司的資產品質是真扎實還是假灌水，還必須用股東權益報酬率（ROE）來衡量公司的營運效率，可以更貼近公司的「經營本質」，檢視巴菲特最重視的一項能力：管理者是否能高效進行資本配置，為股東創造更多價值。這讓我想到之前有幸專訪張會計師時，討論到台股與美股公司之間的主要差異就是股東權益報酬率，在以績效導向的市場使美股公司 ROE 更高，市場給的估值也會更高。

　　損益表則是揭露公司的營運表現，營收與獲利彰顯公司的獲利能力，但張明輝老師提醒讀者：損益表僅是公司的外在美，可以靠裝飾來掩蓋潛在風險，若只看損益表的每股盈餘來判定公司表現，很有可能會有盲點。

　　把現金流量表當作獲利品質的照妖鏡，也能判斷公司是否具備投資未來成長與持續支付股息的能力，投資報酬是資本利得與股息收益的總和，兩者不可偏廢，唯有兼具成長與穩健特性的公

司，才有辦法在產業中占據競爭優勢，帶來穩健收益。

張明輝老師的線上課程「用財報做對決策：大會計師給你的
13堂數字經營學」中，有一句話令我印象深刻——「平庸的管
理者善用制度，高明的帶隊者善用數字」。投資人善用財報發覺
投資機會，管理者善用財報打造企業，但我認為財報並不僅局限
於少數領域，本書所述的財報知識也可以應用在人生各個領域，
為我們帶來更美好的人生。

看外在美，更要看內在美

當《商業周刊》出版部告訴我，《從財報數字看懂經營本質》這本枯燥乏味講解會計的書，4 年之間歷經 50 幾刷，銷售量超過 5 萬本時，說我內心沒有一點小得意是騙人的！但是當商周希望我對此書進行改版時，我就有些愕然與隨之的茫然了！

愕然是書都已經賣這樣了，還有潛在的讀者群嗎？那還需要改版嗎？商周認為，這本書的很多觀念很有教育性，所以可以並且應該繼續出版，但是觀念的解說宜與近年來全球經濟、產業、會計及財務發展相結合，並佐以企業近期的財報內容來印證。經濟方面例如伴隨美國利率的提升，如何造成壽險業假賺錢、股東淨值真大減的會計迷霧。產業方面例如台積電 2021 年宣布 3 年 1,000 億美金的大擴產與隨之的歐、美、日設廠行動，如何影響其成本結構、負債比率與股息政策。會計思維方面例如 IFRS16 租賃會計公報的發布與適用，深深影響通路、餐飲以及航運等產

業的財務狀況，如何讓不明究裡的人誤以為這些產業財務狀況變差了。財務方面例如巴菲特喜歡的蘋果公司，其負債比率逐年增加，2022 年已高達 86％，但市值不退反進，這是為什麼？而台灣 2022 年景氣反轉導致的存貨打呆問題，造成部分大廠獲利大減，也引起產經媒體廣泛的報導與檢討。所以在基本架構及觀念不變情況下，我將本書的講解與說理內容做了大幅度的改寫，並且引入一些之前不曾提出的新觀點。同時也以 2022 年及 2023 年年中的財報數據來佐證。

另一方面在《從財報數字看懂經營本質》這本書改版前，一些企業經營者甚至一些有志從事投資的朋友曾問我，為何不多著墨損益表反而花大量篇幅在資產負債表上？我正好在此利用序文來解釋原因。

不可否認的是，不論是從事企業經營還是從事投資工作，了解反映企業經營績效的損益表是最重要的。但是單單只著重損益表是很危險的，因為損益表只能表現出企業的「外在美」、企業過往的績效，而資產負債表卻能反映企業的「內在美」、資源配置適當與否、經營者經營理念、管理能力、以及真正的獲利能力，甚至要看企業的獲利是否健康，還要進一步了解它的現金流

量表。

　　損益表之所以被我比喻為「外在美」，是因為損益是可以被修飾的。第一種方法是會計政策選擇，例如轉投資損益會因為選擇的會計政策不同，可大致分為當下立即承認損益、當下不承認損益但認列為股東淨值加減項，以及不用承認損益也不用承認股東淨值差異等三種。第二種方法是修改會計政策，例如格芯（Global Foundry）2021 年在美國上市時，將設備的折舊年限由 5 - 8 年延長至 10 年，Microsoft 在 2022 年將資料中心的聯網及伺服器的折舊年限由 4 年延長至 6 年。這種延長對往後每年損益的影響都有數十億美金之巨。第三種方法是承認收入或費用期間的選擇，例如 2022 年下半年起很多企業有庫存過大導致的損失問題，面對存貨損失問題，有的公司會選擇在 2022 年提列損失，有些公司則能拖就拖，至 2023 年第三季還在猶豫如何見公婆。第四種是比較少發生，但一發生就會上媒體顯著版面的「做假帳」。這些狀況單看損益表幾乎都看不出來，但是在資產負債表上往往會留下軌跡！這就是為什麼本書很強調看懂資產負債表及現金流量表的原因。

　　此外本書改版內容上，筆者也提到一些台灣企業值得檢討的

現象。例如由於缺乏適當的會計以及財務知識，台灣很多經營者雖然能訂定好的企業願景與使命，妥善應對 ESG 要求，並且把產（品）、（行）銷、人（資）、（研）發等管理工作做好，但唯獨在財會管理上有所缺失。這一缺失是讓我們的國民 GDP 不如歐美國民的因素之一。

什麼缺失？

我曾經問過一些上市櫃公司 CEO 一個很普通的問題，「辛苦經營企業的目的是什麼？」，回答的方向大多數是「讓公司賺錢」。這個答案當然沒有錯，但問題在格局不夠，露骨一點的話是沒有吃透歐美資本主義的核心精神！在歐美，企業經營目的是在「讓股東賺錢」。「讓公司賺錢」的觀念使台灣很多企業的負債比率嚴重偏低，甚至未有舉債，並且美其名叫做穩健經營，我也看到有些不需舉債但卻舉了債的公司，其實是為了套利（台灣借款利率遠低於海外理財的報酬率）。而「讓股東賺錢」的觀念讓很多歐美企業的資產負債表看起來很清爽，不會瓶瓶罐罐一堆，甚至會出現如 Boeing、HP 這種淨值是負數的公司，並且依然活蹦亂跳，甚至年年配發股息並執行股票回購。

最後，依據會計師職業道德規範及諸多審計公報的規定，我

在此再次聲明：

　　一、本書所列之財報皆非本會計師查核。

　　二、本書內容之相關資訊主要取材自公開資訊觀測站，或報章、雜誌、網路之報導，少部分取材自個人執業生涯經驗者，亦經過改寫，以確保不會洩漏客戶機密。

張明輝

2023.9

對數字有感

——經營管理不能只憑直覺和經驗

日本經營之聖稻盛和夫指出，經營者必須能夠立即察覺
「獲利停滯不前的呻吟聲，或是資產縮水的哭泣聲」
故經營者必須了解會計的本質，對數字要有敏銳度

會計師執業幾十年的生涯中，我看到不少企業主或專業經理人，因為不懂財務數字而吃大虧。即便看著手上的財務報表，他們還是不清楚公司「真實的」財務狀況或經營績效為何，一味的認為只要了解並掌握好公司的現金流量，或者只要報表上呈現的數字是黑字，就繼續憑著自己的經驗與直覺來管理公司。

每每聽到企業主說「有賺錢就好」，我都在心裡為他們捏一把冷汗。因為「會計」並不是一堆生硬的數字，財報的意義更不是只要看到「有賺錢」就好，因為公司的獲利可能會因資產負債的認列或衡量方式不對而失真。例如客房裝修在旅館業的支出占比通常相當高，但曾有一家旅館業者將房間裝修成本以40年來攤銷，使得它每年的攤銷費用比同業來得低，造成自家公司獲利領先其他競爭者的假象。

對投資人來說，了解會計、看懂財報也很重要。從消極面來看，如果不想踩到地雷股，就必須看懂企業是否做假帳，會不會因為財務不穩而突然倒閉。從積極面來看，我們可以從財報數字中了解公司的產業特性、資產負債狀況、獲利品質、經營者的能力和心態、甚至企業文化，進而推演未來的發展性，甚至一窺其可能的長期本益比（股價／每股獲利），從而協助我們判斷當下是否可以買入或賣出。

例如台積電的獲利很高，但是因為獲利的大部分必須進行

再投資，否則可能造成未來的獲利能力下降，因此台積電近年發出的股利只占獲利的 3 成。反之，工業電腦龍頭研華的獲利也很高，但因為產業屬性，資本支出不需要那麼高，其每年可負擔的股息配發率，都在台積電的一倍以上。這就不難理解為何台積電的本益比大多維持在 20 倍甚至 15 倍以下，而研華的本益比可以維持在 30 倍左右的原因了。另一方面，若哪天台積電的資本支出下降，其股息配發率一定會明顯提高，在其他條件不變下，本益比應該也會提升。

看懂財報，打通財務任督二脈，就能在經營或投資上撥雲見日。正確解讀財務數字的意義，經營者能洞察目前公司體質是否健全，為企業的長遠發展及時進行策略調整，甚至可以從中掌握公司變革的關鍵。投資人則能明瞭公司經營者的能力與心態，了解其經營策略是否聚焦，甚至企業文化是否追求卓越，進而決定這家公司的投資價值。

因此，對經營者與投資人來說，都必須要懂會計、讀財報。

但是問題來了，究竟要懂多少才算是真懂？

根據我多年的觀察，初學者想要讀懂財報，會遇到兩個障礙。第一，不懂會計的基本原則跟架構，也就是不了解資產負債表、損益表、現金流量表，這三表所顯示的意義是什麼。第二，即便懂得這三個表，但是上面的數字就像是看天書，腦袋一片空

白，無法理解這些數字隱含的意義是什麼。

譬如，台積電和鴻海的營業項目和營收都有很大的不同，兩者近年來報表上也大多保有超過 1 兆的現金，但是 1 兆多的現金，對台積電和鴻海卻代表著完全不同的意義！

當然也有人提出質疑，這三個表真的有這麼「神」嗎？曾有企業家告訴我，他不懂會計、不懂財報，同樣把公司經營得很好，只因為我是執業會計師，所以才說懂財報很重要？為了解除大家的疑慮，我引述兩位經營大師對於會計與企業經營的看法。這兩位經營大師都是讀理工的，並不是會計，而且企業在他們的帶領下，經營得有聲有色，風生水起，甚至起死回生。這兩位大師，一位是「日本經營之聖」稻盛和夫，另一位是「台灣半導體教父」張忠謀。

稻盛和夫帶領京瓷（Kyocera）、國際電信電話（KDDI）走向世界 500 強企業，他的名言之一就是「**會計是經營的中樞核心，不懂會計，就不會經營**」。他創立及經營京瓷期間從來沒有虧過錢，後來更受日本政府之託，帶領並改造日本航空（JAL）走出破產危機，因此又被稱為日本的「改造之神」。理工背景出身的他，翻轉企業的本領，憑藉的就是會計。

台灣半導體教父張忠謀 2011 年在獲頒「台灣最佳聲望標竿企業獎」的頒獎典禮上，花了數十分鐘暢談企業基本面的重要

性。他對於何謂數量化管理、乾淨的資產負債、結構性獲利能力、穩定的現金流量等企業經營的會計精髓，做了精闢的闡述。以這些觀念來管理公司，讓台積電成為全球獲利前百大的企業。

魔鬼，藏在細節裡。究竟稻盛和夫與張忠謀，是如何從財務數字中，發現龐大事業體底下的魔鬼在哪裡？

稻盛和夫：不懂會計，就不會經營

稻盛和夫認為，欲運用會計協助企業步上正軌、永續經營，有四個步驟。第一步，財報必須能真實呈現實際經營狀況；第二步，經營者必須對會計數字有感覺；第三步，經營者要對會計追根究柢；第四步，進行變形蟲（阿米巴）經營管理。

第 1 步：財報必須真實呈現實際經營狀況

稻盛和夫在其著作中提到：「經營的數據必須毫無作假，能夠真實呈現實際經營狀況的資料，損益表與資產負債表等所列的項目與詳細的數字，必須是任何人審閱都完善無缺，毫無任何錯誤，百分之百正確顯示公司的實際狀況。」

很多人看到這段話，直覺反應就是，本來就應該如此不是嗎？但是就我執業多年的實務經驗來看，很多企業光是這一點就做不到。

許多企業在景氣不好、經營不善時，會要求會計部修飾一下帳面數字，把帳面「做」得好看一點，自己騙自己；到了景氣好、有獲利的時候，也會為了儲備存糧，而稍微「藏」一下帳面數字。又或者，台灣很多中小企業有內帳與外帳，給股東看的稱為內帳，給銀行及國稅局看的是外帳。但我發現大多數有兩套帳的公司，通常內帳也是「烏鴉鴉」，完全無法真實呈現實際的經營情況。

有些中小企業經營者認為：「反正我們不用給會計師查帳，也不用對投資人交代，人工修飾一下也無妨。」但是依據稻盛和夫的本意是，公司帳應該連改都不能改，給任何人看的報表都一樣，因此光是要做到「能夠呈現真實經營狀況的報表」，很多人在第一關就不及格。

第 2 步：經營者要對會計數字有感

何謂對會計數字有感？稻盛和夫說：「**閱讀結算報表時，必須能夠立即察覺獲利停滯不前的呻吟聲，或是資產縮水的哭泣聲。**」我認為經營者必須具備兩個素質才能做到這一點，其一是了解會計的本質，其二是對數字有敏銳度。以「資產縮水的哭泣聲」來說，企業在經營的過程中，有時會累積一些呆滯的存貨，或是遲遲收不回來的應收帳款，這些其實都會讓公司資產縮水。偏偏有些經營者視而不見或拖延不立即處理，還自我安慰這些狀

況會慢慢改善。

我經常受邀擔任公司治理相關獎項的評審，發現台灣部分服飾、鞋類公司的存貨非常之高，即便不再生產或採購，現有存貨再賣個一年以上也綽綽有餘。我曾經詢問某公司負責人，為什麼存貨這麼多？他回答，由於款式與尺寸需有充足的備貨，所以庫存高，又說「就算今年沒賣掉，明年還是可以繼續賣，而且毛利很高，沒有快速賣掉也無妨。」

但是就我的經驗，一般經營服飾、鞋類以及皮包等流行商品的歐美外商，他們的存貨大多低於台灣同業。他們降低庫存的作法是，每逢換季就會進行降價大拍賣，以出清存貨換取現金，更極端的會將庫存銷毀掉，這些作法顯示他們對於流行性商品的存貨管控非常嚴謹。這樣的做法可以把營運資金變小，而且不會因為存貨過高，必須在未來大幅降價而造成更大的損失。反之，台灣的服飾業卻常常因為存貨過高而造成經營危機，甚至因此倒閉。

一個對數字敏銳度夠高的經營者，可以比別人更早發現問題，從而提高公司的勝率。2022 年年初的一場球敘中，台大電機系高材生神基董事長黃明漢告訴我，他發覺公司財報上的存貨太高、甚至整個電子業的存貨都普遍偏高。後來 2022 年整個電子業甚至其他外銷產業果然爆發庫存問題。事後我查看神基的財報，發現神基的存貨問題在 2022 年第三季已恢復正常，比整個

電子業提早半年就解決掉存貨問題。更厲害的是，相較於 2022 年整個電子業大打存貨損失，神基整個 2022 年沒有提列任何存貨損失，甚至還認列 8,000 萬的存貨回升利益。

再就「獲利停滯不前的呻吟聲」來看，有些公司在獲利期，即便獲利衰退，但經營者卻認為，反正現在仍有獲利，無須擔心，而沒有立刻去找出獲利衰退的原因，慢慢的就像溫水煮青蛙，整個公司的營運逐漸走下坡。

以張忠謀的標準來說，**獲利成長率必須高於營收成長率**。如果獲利成長率低於營收成長率，就代表公司正在失去獲利的動能。有些公司帳面上的營收與獲利皆成長，若再細看，會發現這些公司要不是毛利率下跌，就是營業費用失去控制，這些細節其實都是經營上的警訊。

以鴻海及電子五哥（廣達、和碩、仁寶、英業達及緯創）為首的台灣電子組裝業為例，就因為市場競爭激烈而淪為毛利率 3%-6% 的紅海產業，營收雖然年年成長，但是獲利不見增加，Covid-19 爆發後因為 work from home（居家上班）的需要，讓產業出現一段復甦期，Covid-19 之後，產業又回復為紅海產業。電子組裝業為了增加營收、改善獲利，除了維護暨有業務外，各自選擇進入合理毛利率超過 10% 的汽車電子市場，與可以大幅增加營收甚至有機會提高毛利率的汽車代工，以及 AI 伺服器等市場。唯其長期成效尚有待觀察。

第 3 步：經營者要對數字追根究柢

看到數字不對的時候，要追根究柢。稻盛和夫說：「我對實際結算數據不同於自己的預估時，就會立即要求承辦的會計人員詳細說明。我想知道會計的本質與應用原理，而非稅務的教條式說明。」很多人一聽到這句話，認為會計數字與預估不符的時候，本就應該追根究柢，但事實上，我擔任會計師時，卻發現很多公司的實際營運根本不是如此。

比如某公司開董事會，會計人員在董事會報告說：「今年第一季獲利不如去年第一季，原因是今年第一季適逢春節，營收減少。其次，我們第一季提列較多呆帳，以致獲利也受到影響。」我聽到這樣的說明，忍不住滿臉問號。

試問，今年第一季逢春節假期，難道去年第一季沒有過年嗎？今年呆帳增加，但是造成呆帳增加的原因是什麼？會計人員並沒有說明，只是一句話帶過。所以這場報告基本上就是在敷衍董事會上的所有人。但我卻發現，現場其他人沒有任何反應，更遑論追根究柢。

反觀，當稻盛和夫發現財務數字異常時的作法是：「遭遇各種會計或稅務等問題時，我都依照個人的經營哲學，毫不逃避，正視處理。對於具體事例，我一定尋根究柢直到完全理解。」對於會計與財務現況，以及會計管理的應有態度，並非所有經營者

都能像他一樣，勇敢面對、積極處理，也因此無法得到稻盛和夫從財務數字中自我領悟的經營之道。

第 4 步：進行阿米巴管理法

　　稻盛和夫之所以被外界稱為經營之聖，主要是他創造了「阿米巴」（Amoeba）的經營管理模式。**阿米巴就是「變形蟲」的意思，其核心的經營理念就是「利潤中心」，把一個公司切成各種利潤中心來管理，而管理這些利潤中心的骨幹就是財務數字。**

　　他運用阿米巴管理法把京瓷集團經營得有聲有色，也是用這個方法把日本航空救起來，這究竟是如何辦到的？

　　稻盛和夫回憶，他剛進去日本航空公司的時候，發覺這家公司完整的業績報告最快也要 3 個月後才能出來，也就是說，經營者手上拿到的數字，都是 3 個月前的經營結果。於是，稻盛和夫要求會計部門必須在 1 個月之內提出完整的業績報告；此外，業績報告必須細分到各部門，甚至各條航線的損益數字。當這樣的要求一提出來，會計人員都要昏倒了，公司內部經過一番大地震後，終於產出稻盛和夫要看的結果。

　　為什麼稻盛和夫要求會計人員 3 倍速運轉？舉例來說，如果飛台灣的飛機有從日本羽田機場到台北松山及桃園機場這兩條航線，那麼經營者應該要在最快的時間看到這兩條航線的盈虧，如

果賺錢，可否增班？如果虧損，有沒有改善的方法？而且無論是加開航班或是整併航線，都有明確的財務數字做為依據，以利經營者做出最適決策。

接著，他運用這個模式與內部員工溝通，把每一條航線都變成一個利潤中心，航線上的機師、空姐與相關人員都是創造這條航線財務數字的一份子，這條航線是否賺錢也跟每個人的績效連動。以前，機師或許覺得，我每天只要負責開飛機就好，乘客多少、票價多少都跟我沒關係；但如果航線賺錢與否會影響自身績效，那就大有關係了！

此後，機師和空服人員不僅更加積極投入工作，甚至還會主動思考，怎樣才能讓航線賺錢。

過去，日航員工沒有成本概念與改善獲利的決心，現在透過利潤中心制，每個員工被培養成有意識的生意人，變成經營者，自己就是老闆，看著會計部門提供的即時數字，每個人也都清楚部門目前所處的狀況，以及自己可能的績效。

稻盛和夫透過培養有經營者意識的人才，讓員工產生生存的意義與成就感，並激發對工作的使命感。經過 2 年 8 個月的重整，讓原本全年虧損超過 1,208 億日圓、負債總額高達 2.3 兆日圓，已向法院聲請破產保護、狼狽下市的日航，連續 3 年均獲利超過 1,800 億日圓，在 2012 年重新風光上市。

> **經營者 Notes**
>
> **會計管理 4 步驟**
> - Step 1 財報必須能真實呈現實際經營狀況
> - Step 2 經營者必須對會計數字有感覺
> - Step 3 經營者要對會計數字追根究柢
> - Step 4 進行變形蟲（阿米巴）經營管理

張忠謀：無法數量化的東西就無法管理

台灣半導體教父張忠謀則認為：「**沒有辦法數量化的東西就無法管理，或者很難管理，所以即使很難數量化，也要盡量數量化。**」他表示，一個卓越的公司必須做到以下 3 項，包括：高品質的資產和負債、具結構性獲利能力、以及現金要能持續穩定的流入。

第 1 項：高品質的資產和負債

張忠謀認為，高品質的資產和負債需具備以下 4 項要件：

1. 沒有高估的資產

公司內無用或價值很低的財產，例如呆滯的存貨、收不回的帳款、沒有用的設備、已經減損的商譽等等，該打掉的就打掉，

讓顯現的資產都是健康的。例如華碩 2022 年因為庫存太高而提列存貨損失 195 億。這項認列讓華碩當年度獲利大減，卻也讓公司擺脫束縛、可以勇於面對未來。再如台電核四無法商轉，2022 年仍然帳列資產的 2,813 億元核四廠，就屬於高估的資產。

2. 沒有低估的負債

　　會計準則規定負債發生時必須及時認列，不可以漏估或低估。只有忠實完全呈現企業負債狀況，決策者才能做出正確的判斷與決策。

　　不過，負債有時很難合理的估列，例如，英國石油（BP）因 2010 年墨西哥灣鑽油平台漏油案，所發生的總損失截至 2018 年事件將近落幕時已高達 650 億美元，但這項損失也就是 BP 必須要賠付的負債，在 2010 年事發當時很難合理估計。會計準則規定，當企業發生難以估計的負債時，不必認列負債或僅須就概略數估列入帳，但必須在財報附註中詳細說明，所以 BP 從 2010 年起每年依油污處理情形、各項索賠以及訴訟情形逐年追加認列損失，這樣的處理雖然符合會計原則，但我們也可以說從 2010 至 2017 年的 BP 財報，都有低估負債的情形。因此聰明的經營者及投資人對有這種類似情形的企業，必須謹慎評估。

3. 健康的負債比率

正常經營中的企業一定會有負債，但負債比會因產業的商業模式以及資源配置而有不同的合理負債比率。根據筆者對產業的了解，台灣產業的合理負債比率如下：

- **人壽及銀行業：90%-95%**
- **證券、租賃、產險及民生通路業（如全家）：80% - 90%**
- **大型電子代工（如廣達）、IC 通路商（如大聯大）：65% - 80%**
- **一般買賣、製造業：40% - 65%**
- **重度資本密集且產業波動大產業（如台積電）：50% 以內**

「健康」的負債比率是指企業負債比率不宜超過所屬產業的合理範圍。特定企業的負債比率若中長期超過合理範圍太多，代表負債比率偏高，可能會引發經營危機。例如人壽及銀行業可能會因資本適足率（編按：指銀行自有資本淨額占其風險性資產總額的比率。目的在規範銀行操作過多風險性資產，我國銀行必須達到 8%）未達標，而引發信任危機。**特定企業的負債比率若長期都低於合理範圍太多，代表經營者可能未善用資源，為股東賺取最大的利益（包括股息及股價上漲）**。例如大立光多年來的負債比率一直低於 20%（表 1-1），主要原因可能是公司股息配發率太低，以致帳上的現金太多。其實大立光近期若沒有重大的資

表 1-1　大立光 2022 年資產負債表組成結構（摘要）

單位：億元

現金及約當現金	1,102	**總負債**	299	
短期金融資產	44	負債比：16%		
小計（易於變現之資產）	1,146	股本	13	
應收票據及帳款、存貨	132	資本公積	16	
其他流動及非流動資產	572	保留盈餘	1,526	
小計（非屬易於變現之資產）	704	其他	(4)	
總資產	**1,850**	**權益總額**	**1,551**	

ROE：15%

資料來源：大立光 2022 年報、作者整理

本支出，不如一次性配發每股 800 元的現金股利給股東，或是拿這些錢去將部分股票買回註銷，相信大多數投資人會非常高興，而且用這筆錢（約 1,060 億）發放現金股利或買回股票註銷後，公司財務上還是很健康、依然活蹦亂跳，當然也不會有負債比率偏高以致影響後續投資或財務調度困難等後遺症。

4. 乾淨的資產負債表

　　一個沒有高估資產、低估負債並且擁有健康負債比率的公司，還不算是擁有乾淨資產負債表的公司，擁有乾淨資產負債表的公司還需要額外一個條件，就是**公司資產大多是為營運所需要**，也就是沒有太多與經營無關的資產，例如擁有太多無法使用或利用率低的不動產、廠房及設備，太多與交易無關的其他應收

款、預付費用以及投資性不動產等。譬如在台電 2022 年的財報數字中，沒有運轉的核四廠 2,812 億元的資產，就是典型的資產不乾淨案例。前述所說的 BP 漏油案造成的損失，連續 8 個年度難以估算，就是典型的負債不乾淨的案例。

另外，每年都會有些已成了「殭屍」的公司被借殼上市，若借殼公司與被借殼公司營運項目不同，借殼者往往很難運用被借殼公司的財產。比如一家做 LED 的公司，借殼一家做化纖的公司來達到間接上市的目的，化纖公司的廠房與設備對於 LED 事業難有助益，照理說應該要隨著業務轉型而陸續變賣或淘汰，這種掛在帳上但使用率偏低或沒有在使用的資產，也算是資產不乾淨的典型。

我們從表 1-2 來看，台積電 2022 年財報的資產負債表，「不動產、廠房及設備」與「現金」占整體資產的 81%，再把應收帳款與存貨加入更高達 90%，顯示台積電的資產幾乎都是

 高品質的資產和負債

1. 沒有高估的資產
2. 沒有低估的負債
3. 健康的負債比率
4. 乾淨的資產負債表

表 1-2 台積電資產大部分為營運所需

台積電資產負債表（摘要）						
會計項目	2020 年度		2021 年度		2022 年度	
單位：億元	金額	%	金額	%	金額	%
總資產	27,607	100	37,255	100	49,648	100
現金	6,602	24	10,650	29	13,428	**27**
應收帳款	1,460	5	1,983	5	2,313	**5**
存貨	1,374	5	1,931	5	2,211	**4**
不動產、廠房及設備	15,556	56	19,751	53	26,938	**54**
其他資產	2,615	1	2,940	1	4,758	1
總負債	9,101	33	15,548	42	20,043	40

資料來源：台積電 2022 及 2021 年報、作者整理

> 合計 90%
> 顯示資產大部分為營運所需

營運所必需或與營運有直接關係，而且沒有無法估算且未入帳的重大負債。從整體來看，台積電的資產和負債很乾淨。

第 2 項：具結構性獲利能力

張忠謀提到，具備結構性獲利能力的企業有 4 個關鍵：

1. 獲利成長率要高於營收成長率

成長與創新是永恆不變的價值，但是張忠謀認為：「所謂成長，不是一般單純營收的成長，而是附加價值的成長，是追求利

潤的成長。」畢竟創新的目的是要讓公司賺錢，如果創新無法為公司賺錢，還不如不要創新。

反映在財務數字上，張忠謀認為附加價值的成長，必須是獲利成長率高於營收成長率。經營企業不可能每一年都成長 20% 到 30%，一般情形下只要成長 5% 到 10% 就很了不起了。但其中關鍵在於，假設營收成長了 5%，獲利成長一定要超過 5%，如果獲利成長沒有達到 5%，就表示營收成長可能是因為產品被迫降價而損及毛利，也可能是被成本或費用的增加吃掉了，這樣的成長對公司反而是不健康的，不可不慎。

要做到獲利成長率高於營收成長率，企業必須掌握市場定價權或成本控制能力，才會有穩定的毛利率。台灣大部分企業要做好成本控制固然不容易，要掌握市場定價權就更難了。

以蘋果供應鏈為例，蘋果每年都會與其供應鏈廠商重新議價，甚至透過比價來砍價，無法掌握市場定價權是台灣供應商最常面臨的困境。一般來說，企業欲掌握市場定價權的前提有二：一是研發能力強，走在產業前端，例如台積電就是因為掌握技術上的優勢，即便強如蘋果也必須適當體諒台積電的代工價格；二是產品具有極強的品牌或銷售通路，例如統一超、全家、全聯等通路業具有商品定價權，多年來他們的毛利率相當的穩定。若企業具有這兩項優勢之一，比較容易維持毛利率的穩定。

2. 營業費用與獲利結構要平衡

張忠謀認為：「要做到獲利成長率高於營收成長率，除了要控制好毛利率之外，還要控制好營業費用。」

營業費用主要包括「推銷」、「管理」及「研發」3 個主要科目，以及有時會出現的「預期信用減損」這個非主要科目。預期信用減損主要是指因為應收帳款收不回來而產生的呆帳損失。除了金融業外，預期信用減損這個科目通常金額不大，有時甚至被內含在管理費用內，因此我們就不再論述。

推銷費用是指把產品賣出去所花費的「溝通、服務以及交貨」的支出，通常占營收的一定比率，而這個比率隨著業別而不同。B2C 產業（例如統一超）因為要服務眾多消費者，推銷費用占營收的比率較高；B2B 產業因為只需照顧好相對數量較少的企業客戶，其推銷費用占營收的比率較低。但不管是 B2C 還是 B2B 產業，**推銷費用雖然會隨營收增加而增加，但其增加率不應超過營收增加率。如果超過了，表示公司的產品力度可能不足**，必須要進一步大打廣告、增聘業務人員、甚至搭配其他交際或是饋贈等方式強力推銷才賣得掉。

數年前，中國大陸有間公司叫長城汽車，原本生產小貨車，後來又做了休旅車。新款休旅車上市的時候，銷售非常好，營收和獲利一直上來，股價也一直漲，然而次年財務報表公布出來，

股價卻大跌，那是為什麼呢？

長城汽車在香港上市，外資一看財務報表，發現其推銷費用成長非常高，間接顯示新款休旅車的銷售量是靠大量的促銷活動創造出來的，成長無法永續，因此股價應聲下跌。

管理費用主要是與生產及銷售無關部門的費用，也可以稱之為「為了讓公司好好賺錢並應對好周邊附屬工作（如 ESG、法遵）」所花費的「內外部溝通支出」，例如董事會、股務、人事、財務、會計、總務等。管理費用占營收的比率，往往反映公司的產業特性、經濟規模產生的效益或不效益，甚至會反映一個公司 CEO 的管理力度與器識。例如通路業全家的管理費用約是 2%，租賃業的和潤是 7%-8%；同樣是晶圓代工，台積電 2022 年的營收是力積電的 29 倍，但台積電的管理費用只有力積電的 14 倍。台積電的管理費用似乎因為經濟規模發揮出效益，導致其管理費用占營收比遠低於力積電（2% vs. 5%），但台積電 2022 年管理費用高達 535 億！為何這麼高？其實凡是了解台積電與台灣產業的人都會告訴你，台積電管理部門的人力素質、對應事情的速度及品質，甚至外語能力等等均高於同業，這也間接反映台積電經營者的管理力度與器識。

由於以上特性的影響，特定公司的管理費用長期上也會與其營收呈現一個特定並且穩定的比率關係，甚至會因為營收成長產生經濟規模效益，使得管理費用占營收比呈現逐年微幅下降現

象。**當管理費用占營收比突然增加或逐年增加時，就要注意是否有異常。**

　　研發費用代表的是「投資未來的力度」，但對於大部分 CEO，研發費用多寡往往難以決定，因為研發支出投入當下，不保證未來會有收穫。如果未來沒有收穫，那表示現在的投入是肉包子打狗，有去無回！反之當下不投入，未來就沒有新產品或服務以應付競爭。所以張忠謀表示，研發費用多寡必須要有策略性思維，並且與公司的長期策略相結合，必須被高度重視，但也不能為了研發而研發，導致當下的股東利益受損。歐美科技公司大多依照行業特性或公司政策，每年檢討並且大多以營收的一定比率編列研發費用，並持之以恆。例如 Alphabet（Google 母公司）2020-2022 年每年的研發支出占營收比重在 12% 到 15% 之間；蘋果公司 2020-2022 年的研發支出占營收比重在 6%-7% 之間。台積電的研發費用多年來是按營收的 8% 左右來編列開支。

3. 損益平衡點必須控制在低點

　　張忠謀表示，降低企業的損益平衡點非常重要，尤其在景氣不好的時候，最好將損益平衡點控制在低點。但是什麼是損益平衡點呢？學理上，企業費用可分為「固定費用」與「變動費用」。「固定費用」是指企業即使不營運也會發生的費用，例如基本水電費、設備折舊等等，這些成本在企業營運的一定範圍內

是不變的，例如台積電的設備按 5 年攤提折舊費用，每台設備的折舊費用每年都是固定的，不會因為當年度多生產或少生產而改變；「變動費用」則是指隨著銷售量或生產量增加而增加的費用，例如生產晶片時必須買晶圓，生產的晶片越多，晶圓的支出就越大。

不過，為什麼說是「學理上」呢？因為實務上，很多費用難以歸類！例如教科書上將「人員薪資」定義為「變動費用」，但在實務上，員工不是招之即來、揮之即去的，何況還有法律保障員工就業的基本權益。

我們回過頭來解釋所謂「損益平衡點」，**損益平衡點越低越好是指企業在經營時，應該提高變動費用的比率，降低固定費用的比率。**這樣的話，即使景氣不好，營運活動大幅下降時，變動費用比重較高的企業，其成本與費用支出可以更快速的下調，讓企業在經營上更有靈活度，以順利渡過不景氣。

但是，要怎麼降低固定費用的比率呢？例如汽車業在研發新款車時，不是只有自己獨力做研發，而是在開出規格之後，要求上下游協力供應商共同來做，一起攤提研發成本。此外，因為模具費用很貴，車商也會要求零件供應商共同負擔模具費用，待正式量產以後再給予零件商補貼。比如一個模具的開發費用是 1,000 萬元，那麼銷售的前 1 萬輛，每台車補貼 1,000 元的模具費，超過 1 萬輛之後就不再補貼。透過此方式，車商把生產設備

與研發費用等支出讓全體供應商去分擔，就能有效降低自身的固定費用。

4. 良好的獲利能力與內部籌資能力

良好的獲利能力，對一般投資人而言，往往指的是每股獲利能力（EPS），但對於企業營運來說，張忠謀認為總資產報酬率（ROA）、資本回報率（ROIC）、股東權益報酬率（ROE），這三項指標也很重要，企業可以根據產業與自身狀況，至少做好其中一項。為讓讀者了解，本書僅探討股東權益報酬率（ROE）。

以台積電為例，台積電 2022 年的資本額是 2,593 億，但是 2022 年年底台積電股東權益為 2.96 兆元，股東權益超過資本額

- 股東權益報酬率（ROE, Return On Equity）

  稅後淨利／股東權益

- 總資產報酬率（ROA, Return On Assets）

  稅後淨利／平均總資產

- 資本回報率（ROIC, Return On Invested Capital）

  稅後淨營業利潤／投入資本

  ＊稅後淨營業利潤即 EBIT×（1－稅率）

  ＊投入資本＝流動資產－流動負債＋固定資產＋無形資產＋商譽

2.7 兆多元，主要是台積電歷年獲利數並未全數分配給股東（會計上叫做保留盈餘），以及過去增資時，向股東收取溢價（例如一股 50 元，超過 10 元的部分會計上叫做資本公積）。**實際上台積電 2022 年並不是以 2,593 億元的股本在做生意，而是以 2.9 兆多元在做生意。**這一點極其重要。

從表 1-3 來看，依照台積電 2022 年損益表中所揭露的數字，其 EPS 為 39.2 元，但如果我們將股東權益全數轉增資為股本，來計算台積電的 ROE ／元的話，台積電 2022 年的 ROE 就只有 40% 或者叫做每股 4 元。

所以，衡量一家公司的獲利能力，**對投資人而言，EPS 最重要**，因為 EPS 和股價的關係密切。但是就大股東和董事會而言，EPS 與 ROE 都很重要，當要去**衡量經營團隊的績效時，用 ROE 會比 EPS 更好**，其原因我們在介紹「損益表」時會再做深入的探討。

除了良好的獲利能力以外，張忠謀認為內部籌資能力也很重要。所謂**內部籌資能力，指的是企業必須能夠從營業活動中，產生足以讓企業從事投資及發放股利的現金流量。**由於台積電堅持內部籌資，儘管 2021 及 2022 年台積電賺得盆滿缽滿，為了 3 年 1,000 億美金擴廠需要，其現金配息率（股息／ EPS）硬是低到令人髮指的 3 成左右。難怪有外資投行的分析師放話台積電 2024 年可以發放 20 元以上的現金股利，可見股東們對於台積電

表 1-3　股東權益報酬率（ROE）比 EPS 更能反映經營能力

台積電 2022 年合併綜合損益表（摘要）				
會計項目	2022 年度		2021 年度	
單位：仟元	金額	%	金額	%
稅前淨利	1,144,190,718	51	663,126,314	42
所得稅費用	127,290,203	6	66,053,180	4
本年度淨利	**1,016,900,515**	45	597,073,134	38
台積電 2022 合併資產負債表				
歸屬於母公司業主之權益				
普通股股本	**259,303,805**	5	259,303,805	7
資本公積	69,330,328	1	64,761,602	2
保留盈餘				
法定盈餘公積	311,146,899	6	311,146,899	8
特別盈餘公積	3,154,310	-	59,304,212	2
未分配盈餘	2,323,223,479	47	1,536,378,550	41
保留盈餘合計	2,637,524,688	53	1,906,829,661	51
其他權益	-20,505,626	-	62,608,515	-2
歸屬於母公司業主之權益合計	2,945,653,195	59	2,168,286,553	58
非控制權益	14,835,672	1	2,446,652	-
權益合計	**2,960,488,867**	60	**2,170,733,205**	58
負債及權益總計	4,964,778,878	100	3,725,503,455	100

／面額 10 元 =
25,930,380.5 仟股
EPS = 39.2 元

兩期權益平均值
=2,565,611,036
ROE = 40%

資料來源：台積電 2022 年報

具結構性獲利能力

1. 獲利成長率要高於營收成長率

2. 營業費用與獲利結構要平衡

3. 降低損益平衡點，以提高經營彈性

4. 良好的獲利能力與內部籌資能力

的摳門作風有多麼不滿了！

　　企業如果無法經由內部自籌資金，也要有借錢能力甚至出售轉投資，來彌補資金缺口，易言之，就是盡量不要向股東伸手要錢（增資）。更詳細的內容我會在第 3 項：要有持續穩定的現金流入，以及第 5 章「現金流量表」的章節裡深入討論。

第 3 項：要有持續穩定的現金流入

　　張忠謀認為，**唯有能夠產生穩定現金流量的公司，才是好公司**。虧損不可怕，不管賺或賠，能夠產生良好的現金流量，以支撐公司本業上的投資與發放股利的現金支出，是非常重要的。

　　基本上，企業營運每天都會有錢進出，這些現金流進出基本上可以分為 3 種。第 1 種是「**營業活動**」，也就是日常買賣貨物、製造生產所賺取或花費的金錢。第 2 種是「**投資活動**」，也就是企業買賣或投資土地、廠房、設備或股票、債券等活動的金錢進出，比如近年來台積電每年要支出 1 兆元左右在廠房及設備上，遠高於中央政府一整年的經建支出。第 3 種是「**籌資活動**」，也就是企業向股東或金融機構等拿錢或還錢等金錢進出。

　　張忠謀所指的「穩定的現金流入」，是指公司營業活動要有穩定的現金流入，以便支應相關的主要投資活動與主要籌資活動。從表 1-4 來看，台積電近 3 年來營業活動的現金流入，均足

表 1-4　台積電的營業活動均足以支應投資及籌資活動

台積電現金流量表（摘要）			
單位：億元	2020 年度	2021 年度	2022 年度
營業活動	8,227	11,122	16,106
擴廠支出	(5,058)	(8,364)	(11,909)
股利支出	(2,593)	(2,658)	(2,852)
差額	576	100	1,345

資料來源：公開資訊觀測站．作者整理

以支撐建廠及購買設備的主要投資活動以及發放股利的主要籌資活動，就是具備持續而穩定現金流入的例證。

　　從營業活動創造穩定的現金流入，以支撐主要的投資活動與籌資活動。這一點非常重要，但很多台商都忽略了這一點。

　　很多台商到香港掛牌，股價都很低，台商們不解為什麼公司這麼賺錢，但是在港股卻不受青睞？究其原因有二，其一是因為台商規模普遍較小，在港股較不受重視；其二就是港股市場很注重公司是否有現金流入，可以穩定發放股利，這也是港股推崇地產業跟金融業的原因。

　　反之，因應產業發展狀況，台股較推崇製造業。然而製造業的缺點就是必須不斷擴廠，擴廠就要買土地、建廠房、買設備、買原料。生產完畢之後，賣給下游，出貨以後又要隔好幾個月才

收到錢，導致生意做越大，三點半卻跑越重。同時公司帳上的 EPS 雖高，卻沒有充裕的現金來發放股東滿意的股利，導致不受港股法人青睞，在港股掛牌的股價都很低。

從財報看出企業經營的量化與質化指標

一個制度良好、獲利卓越的企業，其會計部門通常可以劃分成兩個單位，一是「財務會計」單位，一是「管理會計」單位。「財務會計」單位主要是紀錄公司的活動，並據以編製大眾熟悉的「財務報表」，財務報表主要是提供給投資人、非執行董事以及銀行等債權人閱讀。「管理會計」單位往往是根據財務會計編製的數據，再加上其他部門的數據，甚至加上「預測」的數據，去產生「管理報表」，管理報表主要提供給公司的管理人員與全體董事，作為經營決策之用。

在我擔任會計師的職涯裡，曾經主查過很多國際級大企業，發現越是知名的國際企業，越是重視管理會計，這是因為會計的主要功能，在經營管理上就是提供「即時的財務數字資訊」，讓經營者們的決策有所本。因此，我建議所有的企業經營者，**請檢視你公司的會計人員能否提供適切的未來財務數字資訊**，抑或是只告訴你上個月、上一季公司賺了多少錢。如果你公司的會計部門只能做到提供過去的財務數字，那就表示會計部門的功能還

需要大幅改進。經營事業，畢竟要如同稻盛和夫所說：「做到未來，才是最重要的。」

當然，管理報表是每家公司的機密，不能在此公開，因此本書使用財務報表來告訴讀者，如何透過財務數字了解一家公司，進而做為有效經營企業或選擇投資標的的參考。同時，全書會以台積電的財務報表做為範例，以宏觀與微觀的角度深入解析台積電創辦人張忠謀所強調的：乾淨的資產負債表、結構性的獲利能力、穩定的現金流量，以評判一家績效卓越的公司，其財務報表應該涵蓋的細節。

除了公司的財務狀況、經營績效等「量化指標」，其實財務報表也會呈現公司的產業特性、企業文化，甚至經營者的想法與經營力度等「質化指標」。但要如何解讀這些跡象呢？如果你不熟悉標的公司的產業生態，我的建議是必須要有「對照公司」，藉由和對照公司相同科目的數字相互比較，才能知道標的公司的好壞。

對照公司最好選擇該產業的標竿企業，如果覺得標竿企業與標的公司的差距太大，就找同一個產業內規模差不多的企業來比較，這樣你在看數字的時候才會「有感」，並從中找到「意義」。

以台積電為例，照理說要找一家跟它同等位階的企業來參

照，可是全世界找不到與台積電規模相當的專業晶圓代工公司，因此我們只好找同為業界前五大的格芯（GlobalFoundries，舊譯格羅方德）、聯電、中芯及世大，當作對照公司。後續章節中，我們所用的同業資訊，也會以上述公司的企業財報數據做為比較。至於三星和 Intel，因為都是 IDM 公司，這兩家公司財報上沒有提供獨立的晶圓代工部門財務資訊，令人遺憾！

公開發行企業財報取得方式

只要是公開發行的公司，每年都會出兩份財務報表，一份是半年報，一份是年報。至於上市上櫃公司，則是每一季都會公布季報，一年會有 4 份財務報表。這些財務報表都可以從「公開資訊觀測站」網站取得。

Step 1：上「公開資訊觀測站」網站，點選①「基本資料」→②「電子書」→③「財務報告書」

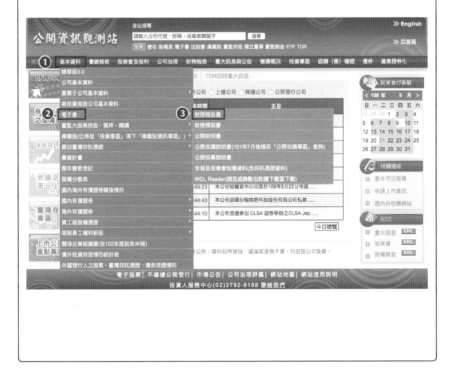

Step 2：輸入④「公司代號或簡稱」以及⑤「年度」，再點⑥「查詢」

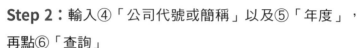

Step 3：跳出頁面如下，選擇讀者所需的資料季度，點選「電子檔案」即可下載

電子資料查詢作業

公司名稱：台積電
會計期間：曆年制

財務報告更(補)正：為該公司最近一次更
補正資訊，該公司歷次 更補正資訊，請
至「財務報告更(補)正 查詢作業」查詢

公司代號	資料年度	資料類型	結案類型	性質	資料細類說明	備註	電子檔案	檔案大小	上傳日期	財務報告更(補)正
2330	111 年 第一季	財務報告書			IFRSs合併財報		202201_2330_AI1.pdf	5,389,648	111/05/13 14:23:33	無
2330	111 年 第一季	財務報告書			IFRSs英文版-合併財報		202201_2330_AIA.pdf	2,941,201	111/05/13 14:23:51	無
2330	111 年 第二季	財務報告書			IFRSs合併財報		202202_2330_AI1.pdf	6,004,831	111/08/12 13:48:56	無
2330	111 年 第二季	財務報告書			IFRSs英文版-合併財報		202202_2330_AIA.pdf	2,927,903	111/08/12 13:49:28	無
2330	111 年 第三季	財務報告書			IFRSs合併財報		202203_2330_AI1.pdf	10,192,936	111/11/14 15:24:26	無
2330	111 年 第三季	財務報告書			IFRSs英文版-合併財報		202203_2330_AIA.pdf	2,330,240	111/11/14 15:25:12	無
2330	111 年 第四季	財務報告書			IFRSs合併財報		202204_2330_AI1.pdf	2,946,574	112/02/24 14:49:57	無
2330	111 年 第四季	財務報告書			IFRSs個體財報		202204_2330_AI3.pdf	3,037,540	112/02/24 14:51:42	無
2330	111 年 第四季	財務報告書			IFRSs英文版-合併財報		202204_2330_AIA.pdf	4,713,414	112/02/24 14:51:02	無
2330	111 年 第四季	財務報告書			IFRSs英文版-個體財報		202204_2330_AIC.pdf	4,773,261	112/02/24 14:52:13	無

採非曆年制者，財務報告公告期限，請參閱公司基本資料

評估企業的真實身價
——從宏觀角度看懂「資產負債表」

從資產負債表可以看出一家企業是否有適當的財務布局
是否發揮經營效益、經營者的風險偏好與財務強度
甚至可以看出經營者的心態與公司文化

資產負債表、損益表、現金流量表，是會計常用的三大表。資產負債表是利用會計平衡原則，將合乎會計原則的資產、負債、股東權益，經過會計程序後，以特定日期的靜態企業情況為基準，濃縮成一張報表。

資產負債表的基本概念

我們常常聽到媒體報導某個知名企業家的「身價或身家幾百億」，這種泛泛的敘述往往禁不起考驗，因為並沒有具體說明此人到底有多少資產、多少負債。

要了解一個企業家的「身價」，必須要知道這位企業家到底有多少財產與多少負債。換句話說，我們必須要編製一張這位企業家的資產負債表。同樣的，要了解一家公司的「身價」，也要編製一張這家公司的資產負債表。

以個人的資產負債表為例，從圖 2-1 可了解資產負債表的基本架構。我們可以看出，左半部為「你擁有什麼財產」，其中包括口袋裡的現金以及銀行裡的存款、各種投資（包括股票、債券及各種基金），還有各種動產如車子、不動產如房地產。把這些可以衡量的財產加總起來，就是個人的「總財產」。

不過，這些財產並不代表都是你自己賺來的，基本上你的財產來源有二，包括「借來的」與「自己擁有的」。比如說買車

圖 2-1　個人資產負債表架構

你擁有什麼財產	你如何擁有這些財產
現金及銀行存款 各項投資 動產：車子 不動產：房地產	**借來的：** 　銀行貸款 　民間借款 **自己擁有的：** 　父母給的 　自己賺的

財產＝借來的＋自己的

子與買房子的錢，可能有部分是跟銀行貸款而來，或是有些人會運用民間標會、或是向父母及朋友借貸而來。

　　也就是說，你的財產不見得就是你真正的身價。「財產」與「真正的身價」二者之所以不對等，這中間的差異，就是你的財產有一部分的來源是透過借貸而來的，也就是「借來的」財產。

　　我們把「總財產」減去「借來的」財產，就是真正的「淨財產」，也就是「自己擁有的」財產，其中包括自己透過各種方式賺來的，以及父母給你（如繼承）的財產。因此，一個人的資產負債表，左半部是一個人的總財產，右半部就是這些財產的來源，包括「借來的」財產放右上方，「自己擁有的」財產放右下

方，可以得出「**總財產＝借來的＋自己擁有的**」之恆等式。

所以當下次再有報導說，某企業家有多少「身價」時，讀者一定要釐清，這是指他經營的企業總財產或是企業的總市值（每股股價 × 總股數）？抑或是他個人所擁有的總財產？還是他個人擁有的淨財產（總財產－借來的錢）？

從個人資產負債表的概念延伸至企業，在個人稱之為「財產」，會計上則稱之為一家公司的「資產」。每家公司都有**資產負債表，左半部為「資產」，右半部上方為「借來的」，也就是「負債」；右半部下方為「自己擁有的」，也就是「股東權益」**。（表 2-1）

曾有人提出疑問，那為何稱之為「資產負債表」，而不是「資產、負債及股東權益表」呢？我們可以這樣解釋，從長期而言，企業跟股東拿的錢最終也是要還的，亦即**公司的所有財產都是要還的，不是還給債主（供應商、銀行等）就是還給股東**，因此以企業角度來看，資產負債表左半部為「資產」，右半部皆為「負債」。

何謂「資產」？

我們簡化台積電 2022 年資產負債表，以表 2-2 和表 2-3 來看看台積電這家企業的真實「身價」是多少。表 2-2 顯示的是台

表 2-1　台積電 2022 年合併資產負債表

會計項目 單位：仟元	2022 年度 金額	%	2021 年度 金額	%	會計項目	2022 年度 金額	%	2021 年度 金額	%
流動資產					流動負債				
現金及約當現金	1,342,814,083	27	1,064,990,192	29	短期借款	-	-	114,921,333	3
透過損益按公允價值衡量之金融資產	1,070,398	-	159,048	-	透過損益按公允價值衡量之金融負債	116,215	-	681,914	-
透過其他綜合損益按公允價值衡量之金融資產	122,998,543	2	119,519,251	3	避險之金融負債	813	-	9,642	-
按攤銷後成本衡量之金融資產	94,600,219	2	3,773,571	-	應付帳款	54,879,708	1	47,285,603	1
避險之金融資產	2,329	-	13,468	-	應付關係人款項	1,642,637	-	1,437,186	-
應收票據及帳款淨額	229,755,887	5	197,586,109	5	應付薪資及獎金	36,435,509	1	23,802,100	1
應收關係人款項	1,583,958	-	715,324	-	應付員工酬勞及董事酬勞	61,748,574	1	36,524,741	1
其他應收關係人款項	68,975	-	61,531	-	應付工程及設備款	213,499,613	4	145,742,148	4
存貨	221,149,148	4	193,102,321	5	應付現金股利	142,617,093	3	142,617,093	4
其他金融資產	25,964,428	1	16,630,611	1	本期所得稅負債	120,801,814	3	59,647,152	2
其他流動資產	12,888,776	-	10,521,481	-	一年內到期長期負債	19,313,889	-	4,566,667	-
流動資產合計	2,052,896,744	41	1,607,072,907	43	應付費用及其他流動負債	293,170,952	6	162,267,779	4
非流動資產					非流動負債				
透過其他綜合損益按公允價值衡量之金融資產	6,159,200	-	5,887,892	-	應付公司債	834,336,439	17	610,070,652	16
按攤銷後成本衡量之金融資產	35,127,215	1	1,533,391	-	長期銀行借款	4,760,047	-	3,309,131	-
採用權益法之投資	27,641,505	1	21,963,418	1	遞延所得稅負債	1,031,383	-	1,873,877	-
不動產、廠房及設備	2,693,836,970	54	1,975,118,704	53	租賃負債	29,764,097	1	20,764,214	1
使用權資產	41,914,136	1	32,734,537	1	淨確定福利負債	9,321,091	-	11,036,879	-
無形資產	25,999,155	1	26,821,697	1	存入保證金	892,021	-	686,762	-
遞延所得稅資產	69,185,842	1	49,153,886	1	其他非流動負債	179,958,116	4	167,525,377	5
存出保證金	4,467,022	-	2,624,854	-	非流動負債合計	1,060,063,194	21	815,266,892	22
其他非流動資產	7,551,089	-	2,592,169	1	負債合計	2,004,290,011	40	1,554,770,250	42
非流動資產合計	2,911,882,134	59	2,118,430,548	57					
資產總計	4,964,778,878	100	3,725,503,455	100	歸屬於母公司業主之權益				
					股本				
					普通股股本	259,303,805	5	259,303,805	7
					資本公積	69,330,328	1	64,761,602	2
					保留盈餘				
					法定盈餘公積	311,146,899	6	311,146,899	8
					特別盈餘公積	3,154,310	-	59,304,212	2
					未分配盈餘	2,323,223,479	47	1,536,378,550	41
					保留盈餘合計	2,637,524,688	53	1,906,829,661	51
					其他權益	-20,505,626	-	62,608,515	2
					母公司業主權益合計	2,945,653,195	59	2,168,286,553	58
					非控制權益	14,835,672	1	2,446,652	-
					權益合計	2,960,488,867	60	2,170,733,205	58
					負債及權益總計	4,964,778,878	100	3,725,503,455	100

資料來源：台積電 2022 年報

積電這家企業的各種資產，這些資產加起來稱為「資產總額」，位於資產負債表的左半部。

2022 年台積電的資產總額為 4 兆 9,648 億（這麼高的金額，有沒有嚇你一跳？），其中又分「流動資產」與「非流動資產」。

流動資產：

流動資產是指企業可以在 1 年或一個營業週期內，變換成現金的資產，比如「應收帳款」會在 1 年內收回，「存貨」會在 1 年內投入生產、出售，最終化為現金被收回來。以台積電來看，2022 年底存貨有 2,211 億元，但這些存貨該公司會在 1 年內投入生產，生產完畢變成晶片之後賣給客戶，並且向客戶收錢。所以正常情況下，1 年之內這些存貨也都會變成現金。

從表 2-2 來看，台積電 2022 年流動資產總數為 2 兆 529 億元。

非流動資產：

非流動資產是指 1 年或一個營業週期內，不能轉變成現金的資產，比如台積電 2022 年的不動產、廠房及設備高達 2 兆 6,938 億元，但這些資產不會在 1 年內賣掉變為現金，既然 1 年內不會

表 2-2　資產負債表左半部：資產

台積電 2022 年合併資產負債表（摘要）				
會計項目	2022 年度		2021 年度	
單位：仟元	金額	%	金額	%
流動資產				
現金及約當現金	1,342,814,083	27	1,064,990,192	29
透過損益按公允價值衡量之金融資產	1,070,398	-	159,048	-
透過其他綜合損益按公允價值衡量之金融資產	122,998,543	2	119,519,251	3
按攤銷後成本衡量之金融資產	94,600,219	2	3,773,571	-
避險之金融資產	2,329	-	13,468	-
應收票據及帳款淨額	**229,755,887**	5	197,586,109	5
應收關係人款項	1,583,958	-	715,324	-
其他應收關係人款項	68,975	-	61,531	-
存貨	**221,149,148**	4	193,102,321	5
其他金融資產	25,964,428	1	16,630,611	1
其他流動資產	12,888,776	-	10,521,481	-
流動資產合計	**2,052,896,744**	41	1,607,072,907	43
非流動資產				
透過其他綜合損益按公允價值衡量之金融資產	6,159,200	-	5,887,892	-
按攤銷後成本衡量之金融資產	35,127,215	1	1,533,391	-
採用權益法之投資	27,641,505	1	21,963,418	1
不動產、廠房及設備	**2,693,836,970**	54	1,975,118,704	53
使用權資產	41,914,136	1	32,734,537	1
無形資產	25,999,155	1	26,821,697	1
遞延所得稅資產	69,185,842	1	49,153,886	1
存出保證金	4,467,022	-	2,624,854	-
其他非流動資產	7,551,089	-	2,592,169	1
非流動資產合計	**2,911,882,134**	59	2,118,430,548	57
資產總計	**4,964,778,878**	100	3,725,503,455	100

> 流動資產是指企業可以在 1 年或一個營業週期內，變換成現金的資產

> 非流動資產是指 1 年或一個營業週期內，不能轉變成現金的資產

資料來源：台積電 2022 年報

變成現金，因此被列入非流動資產。

從表 2-2 來看，台積電 2022 年非流動資產是 2 兆 9,119 億元。

何謂「負債」？

表 2-3 是台積電的負債與股東權益，負債置於資產負債表右半部上方，股東權益則在右半部下方。其中包括：

流動負債：

流動負債是指必須在 1 年內償還的負債。以台積電來看，2022 年底積欠廠商的應付帳款是 549 億元，積欠建廠及設備廠家 2,135 億元。從表 2-3 來看，台積電 2022 年底的流動負債總數是 9,442 億元。

非流動負債：

非流動負債是指不需要在 1 年內償還的負債。比如 2022 年底台積電有 8,343 億元的應付公司債，是不需要在 2023 年度內還錢的。從表 2-3 來看，台積電 2022 年底的非流動負債總數是 1 兆 601 億元，負債合計為 2 兆 43 億元。

股東權益：

股東權益的科目很多，主要科目為以下 3 者：

1. 股本：

台灣上市櫃公司的股票，除了 TDR 以及 KY 股外，大部分公司每一股的面額都是 10 元，對於每股面額 10 元的公司，我們將發行股數乘上 10 元就是股本。2022 年台積電流通在外的股數，就是把帳上股本 2,593 億元除以 10 元，就能得出台積電發行超過 253.9 億股在外。

2. 資本公積：

資本公積包括「溢價增資」與直接計入資本公積的交易。溢價增資是指，台積電某年增資時，股票面額是 10 元，若當年增資時是用 1 股 30 元增資，其中 10 元是股本，20 元就列入資本公積。至於直接計入資本公積的交易一般都不大，通常可以忽略。以台積電為例，2022 年度資本公積是 693 億元。

股東權益中還有 2 個科目，一個是「其他權益」，一個是「非控制權益」，這 2 個科目的金額一般都不大，讀者亦不必深究。

表 2-3　資產負債表右半部：負債＋股東權益

台積電 2022 年合併資產負債表（摘要）				
會計項目	2022 年度		2021 年度	
單位：仟元	金額	%	金額	%
流動負債				
短期借款	－	－	114,921,333	3
透過損益按公允價值衡量之金融負債	116,215	－	681,914	－
避險之金融負債	813	－	9,642	－
應付帳款	54,879,708	1	47,285,603	1
應付關係人款項	1,642,637	－	1,437,186	－
應付薪資及獎金	36,435,509	1	23,802,100	1
應付員工酬勞及董事酬勞	61,748,574	1	36,524,741	1
應付工程及設備款	213,499,613	4	145,742,148	4
應付現金股利	142,617,093	3	142,617,093	4
本期所得稅負債	120,801,814	3	59,647,152	2
一年內到期長期負債	19,313,889	－	4,566,667	－
應付費用及其他流動負債	293,170,952	6	162,267,779	4
流動負債合計	944,226,817	19	739,503,358	20
非流動負債				
應付公司債	834,336,439	17	610,070,652	16
長期銀行借款	4,760,047	－	3,309,131	－
遞延所得稅負債	1,031,383	－	1,873,877	－
租賃負債	29,764,097	－	20,764,214	1
淨確定福利負債	9,321,091	－	11,036,879	－
存入保證金	892,021	－	686,762	－
其他非流動負債	179,958,116	4	167,525,377	5
非流動負債合計	1,060,063,194	21	815,266,892	22
負債合計	2,004,290,011	40	1,554,770,250	42

> 流動負債：必須在 1 年或一個營業週期內償還的負債

> 非流動負債：不需在 1 年或一個營業週期內償還的負債

歸屬於母公司業主之權益					股東權益的科目主要為：股本、資本公積、保留盈餘
股本					
普通股股本	259,303,805	5	259,303,805	7	
資本公積	69,330,328	1	64,761,602	2	
保留盈餘					
法定盈餘公積	311,146,899	6	311,146,899	8	
特別盈餘公積	3,154,310	-	59,304,212	2	
未分配盈餘	2,323,223,479	47	1,536,378,550	41	
保留盈餘合計	2,637,524,688	53	1,906,829,661	51	
其他權益	-20,505,626	-	62,608,515	2	
母公司業主權益合計	2,945,653,195	59	2,168,286,553	58	
非控制權益	14,835,672	1	2,446,652	-	
權益合計	2,960,488,867	60	2,170,733,205	58	
負債及權益總計	4,964,778,878	100	3,725,503,455	100	

資料來源：台積電 2022 年報

3. 保留盈餘：

　　保留盈餘是指企業當年度所賺的錢，再加上歷年來賺取，因法律規定或公司股利政策而沒有發給股東的盈餘。以台積電為例，2022 年度歸屬於台積電股東的稅後淨利是 1 兆 165 億元，再加上過去沒有發給股東或依法必須保留的盈餘 1 兆 6,210 億元，共計 2 兆 6,375 億元。

　　一家企業的資產總額並非全部都是股東所有，所以我們必須把「資產」減掉「負債」才會等於「股東權益」，從表 2-4 可看

表 2-4　台積電 2022 年的資產與負債

資產		負債	
流動資產 ：2 兆 0,529 億元		流動負債　：	9,442 億元
非流動資產：2 兆 9,119 億元		非流動負債：	1 兆 0,601 億元
資產總額 　：4 兆 9,648 億元		**負債合計** 　：	**2 兆 0,043 億元**
		股東權益合計：	**2 兆 9,605 億元**

資料來源：台積電 2022 年報、作者整理

出台積電 2022 年底的股東權益有 2 兆 9,605 億元（含非控制權益）。

從宏觀角度看資產負債表

　　我們可以從一間公司的資產負債表，看出這家企業的資產負債是否有適當的布局、是否發揮應有的效益、經營者的經營力度、經營者及其大股東的風險偏好與財務強度，甚至可以看出經營者的心態與公司文化等。讀者心裡一定會想：這是真的嗎？是真的！為了要讓讀者藉由閱讀財務報表看出「企業真相」，我就帶大家從宏觀角度與微觀角度來看公司的資產負債表。

　　宏觀就是從資產負債表的大數字來看整體面，微觀就是從個別科目來判定細微面。以下從宏觀角度的 7 個標準，來說明如何判讀一家公司的狀況，並以台積電的資產負債表為例，從宏觀的角度來解讀財報數字透露的秘密。

標準 1：從「資產總額」看出企業影響力

企業擁有的資產越多，表示擁有及使用社會的資源就越多，在政治與經濟上會擁有較大的影響力。例如電子業中的台積電及鴻海，他們 2023 年的資產總額已分別超過 5 兆及 4 兆元，Covid-19 來襲時，他們各花幾十億元買疫苗送給政府，引起政府及人民的關注，但對他們而言根本不算什麼；2021-2022 年台積電在台中、台南及高雄的設廠或擴廠計畫與時程，甚至牽動當地房地產的漲跌。當資產總額大到一定程度時，往往會因為規模太大，以致大到不能倒，甚至不能發生動盪。例如台灣十幾家金控業者的資產普遍上兆，其中國泰金及富邦金的資產總額甚至都超過 10 兆元。2022 年美國聯準會短期內急遽升息，造成全球債券價格大幅下跌，引發以壽險為主的部分金控業淨值大幅萎縮，造成政府監管上的難題以及金融市場的動盪，最後得由政府連同各界運用「詮釋會計規則」方式解決此一問題；又如台灣近十多年來，許多保險公司經營不善，而必須由政府介入處理，如國華人壽、幸福人壽等，無非就是這些企業擁有太多社會資源所致。

在產業界，企業擁有的資產越多，透過規模經濟以及社會地位的加持，其綜合競爭力「通常」會強過規模較小的公司。例如台積電的資產總額已超過 5 兆元，是全球純晶圓代工的龍頭，全球只有它一家有鈔票力能提出 3 年 1,000 億美元的擴廠計畫，來維持並加強其產業第一的競爭力。至於其他晶圓廠，英特爾的擴

廠必須靠其 IC 設計部門以及美、德政府財政補貼的支持，三星必須靠其記憶體部門、手機部門以及過去龐大的積累來支持，至於其他晶圓廠都已表示不進入 7 奈米以下的節點。規模優勢現象在資本密集產業以及成熟型產業會特別明顯。

但規模優勢有時也會有例外，比如一家大型企業同時橫跨數個產業，每項業務在特定產業內的規模可能都不夠大，再加上力量分散、核心競爭力不明顯，以致經營績效不佳。例如前幾年美國奇異（GE）公司和台灣的大同公司都是跨足太多產業、核心競爭力失焦，以致經營績效不佳的典型案例。大同前兩任的總經理何春盛和王金來也發現了大同核心競爭力失焦問題，並且也致力於重新凝聚大同的核心競爭力，其最後成效尚待繼任者的努力與堅持。

此外，**規模優勢常出現不利於新商業模式或產品創新的缺點**，例如電動車的普及是特斯拉（Tesla）帶動，而不是全球既有的十大車商帶動的，網路商店不是實體通路巨擘沃爾瑪（Walmart）帶動的，而是 eBay 和 Amazon 等新興企業帶動的。創新力度不足常是大型公司衰敗的主要原因之一。

標準 2：從「資產比重高」項目了解產業特性與競爭力

產業不同，商業模式往往不同，我們可以從特定公司資產比重最高的資產科目，去大體了解這家公司的產業特性，例如：

表 2-5　產業不同，資產占比最高項目通常不同

2022 年度	鴻海	全家	中信金	國泰金
產業別	電子組裝	便利商店	金融控股	金融控股
最大資產科目	應收帳款及票據	使用權資產	貼現及放款	各項投資
金額	10,987 億元	291 億元	32,804 億元	71,148 億元
占資產總額比重	27%	39%	43%	59%

資料來源：作者整理

電子代工業（如鴻海）主要為品牌商（如蘋果）組裝手機、伺服器、PC 等產品，相對上不需要太多設備，組裝好的電子產品金額比較高，而且大多是交貨後 2 個月左右才能收到貨款，所以帳上金額最高的資產往往是「應收帳款」；零售通路商（如全家）必須簽訂很多中長期租約的店面來營業，所以帳上金額最高的資產往往是「使用權資產」；銀行業（如玉山金）主要是將吸收的大部分存款貸放出去，所以帳上金額最高的資產是「貼現及放款」；壽險業（如南山人壽）主要是必須將吸收到的大部分保險金投資到股票或債券上，所以帳上金額最高的項目是「各項投資」（由 3 個科目組成）。（表 2-5）

　　同樣是兼營人壽、銀行及證券三大業務的金控公司，帳上最高資產是「貼現及放款」的中信金，表示其銀行業務大於壽險業務，我們就可以推論中信金是以銀行業務為大宗的金控；相反的，帳上最高資產是「各項投資」的國泰金，業務上是壽險業務大於銀行業務，我們就可以推論國泰金是以壽險業務為主的金

控。

除了由資產金額比較高的科目，可以了解特定公司的產業特性外，我們也可以由此科目金額來了解其在產業中的競爭強度。

以台積電為例，台積電 2022 年底總資產 4 兆 9,648 億元，其中資產總額最高的會計科目是「不動產、廠房及設備」，為 2 兆 6,938 億元，占所擁有資產的 54%；其二為「現金及約當現金」1 兆 3,428 億元，占所擁有資產的 27%，兩者加起來占資產總額 81%。

晶圓代工屬於高度資本與技術密集產業，建設一座先進製程節點的 12 吋晶圓廠，需要投入高達數千億元，而且奈米製程每前進一步，都要花費龐大的研發支出，並購買極其昂貴的先進設備。台積電超過 2 兆元、占總資產一半以上的「不動產、廠房及設備」，充分顯示出晶圓代工的產業特性，的確就是資本與技術密集。

從表 2-6 中，我們除了列出台積電的資產比重，也列出其同業相關數據作為比較，由此可看出台積電的產業競爭力。觀察台積電的同業資產，其「不動產、廠房及設備」的金額為 1,710 億元。兩者相較，台積電的「不動產、廠房及設備」資產為同業 14.7 倍，顯見台積電在規模上大幅領先同業，已成為全球晶圓代工產業的巨擘。

表 2-6　從資產較高項目了解產業特性與競爭強度

台積電 2022 年合併資產負債表（摘要）				
會計項目	2022 年度		2021 年度	
單位：仟元	金額	%	金額	%
流動資產				
現金及約當現金	1,342,814,083	27	1,064,990,192	29
透過損益按公允價值衡量之金融資產				-
透過其他綜合損益按公允價值衡量之金融資產				3
按攤銷後成本衡量之金融資產				
避險之金融資產	2,329	-	13,468	-
應收票據及帳款淨額	229,755,887	5	197,586,109	5
應收關係人款項	1,583,958	-	715,324	-
其他應收關係人款項	68,975	-	61,531	-
存貨	221,149,148	4	193,102,321	5
其他金融資產	25,964,428	1	16,630,611	1
其他流動資產	12,888,776	-	10,521,481	-
流動資產合計	**2,052,896,744**	**41**	**1,607,072,907**	**43**
非流動資產				
透過其他綜合損益按公允價值衡量之金融資產				-
按攤銷後成本衡量之金融資產				
採用權益法之投資				1
不動產、廠房及設備	2,693,836,970	54	1,975,118,704	53
使用權資產	41,914,136	1	32,734,537	1
無形資產	25,999,155	1	26,821,697	1
遞延所得稅資產	69,185,842	1	49,153,886	1
存出保證金	4,467,022	-	2,624,854	-
其他非流動資產	7,551,089	-	2,592,169	1
非流動資產合計	**2,911,882,134**	**59**	**2,118,430,548**	**57**
資產總計	4,964,778,878	100	3,725,503,455	100

> 台積電 13,428 億元
> 同業　1,738 億元
> 10,650 億元
> 1,326 億元

> 合計占資產總額81%，顯示晶圓代工業為資本與技術密集的產業特性

> 台積電 26,938 億元
> 同業　1,710 億元
> 19,751 億元
> 1,299 億元

資料來源：台積電 2022 年報、作者整理

再此如鴻海，鴻海 2022 年的應收帳款超過 1 兆元，應收帳款的來源是營收，事實上鴻海近十年來的營收都超過電子五哥營收的總和，所以電子五哥絕大部分的代工產品都脫不開鴻海的強力競爭。

　　再來看台積電的「現金及約當現金」，高達 1 兆 3,428 億元，同業僅為 1,738 億元。兩者相較，台積電為同業的 7 倍多。**公司手上持有較多現金有利於度過不景氣，甚至在不景氣的時候還有錢加碼投資，成為超越競爭對手的關鍵，因此也是觀察產業競爭力的重要指標。**

　　台灣的 DRAM（動態隨機存取記憶體）產業之所以被三星打敗，主要是因為三星長期以來一直握有巨額的現金，以 2022 年底為例，其帳列現金達 49 兆 6,800 億韓元（約合 385 億美元），短期金融資產 65 兆 1,000 億韓元（約合 507 億美元），所以每逢 DRAM 景氣處於谷底時，依然能砸錢繼續研發及擴產；反觀台灣企業因為規模小、資金有限，無法投入大把金錢從事研發及擴產，因此在幾次景氣循環之後，技術和規模就被三星遠遠甩在後面，以致台灣幾個 DRAM 公司不是倒閉，就是被國外企業併購，現在只剩極少數靠利基市場存活的 DRAM 公司。

　　綜合以上分析，我們可以看到台積電的「不動產、廠房及設備」與「現金及約當現金」的金額龐大、遠遠超過同業，顯示其產業競爭力很強。同時兩者加起來占其資產總額 81%，顯示台

積電的資產絕大多數與營運相關，有關這部分我們會在「標準3」中詳細說明。

標準3：從「資產配置」看出公司經營理念

企業日常經營最重要的資產科目有4個。第1個是「不動產、廠房及設備」，有了這項資產，企業才能有根據地去從事賺錢這項偉大的活動；第2個是「存貨」，除非從事服務業，否則企業必須有適當的原材料、製成品或商品庫存，才能確保即時應付客戶的訂單；第3個是「應收帳款」，企業銷貨給客戶後，除非是以收現為主的零售通路業，否則通常需要1-3個月才能收到客戶償還的貨款金額，企業應收客戶積欠的貨款叫做應收帳款；第4個是「現金」，企業必須有足夠的現金才能夠償付供應商貨款、員工薪資、繳交水電瓦斯等支出。

「不動產、廠房及設備」、「存貨」、「應收帳款」和「現金」這4項資產，代表企業的完整營業循環。這4項以外的其他會計科目，大多和營運活動無關或只有間接關係，這些科目的存在大部分對企業從事賺錢這項偉大活動助益不大，因此非此4項的資產占比越少，表示企業的資產越乾淨，越紮實！比如有些公司的「無形資產」是商譽或客戶關係，這種資產大多係因企業併購而產生，雖然也都是被會計認可的資產，但是這種資產看不到、摸不著，是屬於比較「虛」的資產。這種科目也與日常

表 2-7　從大部分資產是否為營運所需，看企業經營理念

台積電 2022 年合併資產負債表（摘要）				
會計項目	2022 年度		2021 年度	
單位：仟元	金額	%	金額	%
流動資產				
❶現金及約當現金	1,342,814,083	27	1,064,990,192	29
透過損益按公允價值衡量之金融資產	1,070,398	-	159,048	-
透過其他綜合損益按公允價值衡量之金融資產	122,998,543	2	119,519,251	3
按攤銷後成本衡量之金融資產	94,600,219	2	3,773,571	-
避險之金融資產	2,329	-	13,468	-
❷應收票據及帳款淨額	229,755,887	5	197,586,109	5
應收關係人款項	1,583,958	-	715,324	-
其他應收關係人款項	68,975	-	61,531	-
❸存貨	221,149,148	4	193,102,321	5
其他金融資產	25,964,428	1	16,630,611	1
其他流動資產	12,888,776	-	10,521,481	-
流動資產合計	2,052,896,744	41	1,607,072,907	43
非流動資產				
透過其他綜合損益按公允價值衡量之金融資產	6,159,200	-	5,887,892	-
按攤銷後成本衡量之金融資產	35,127,215	1	1,533,391	-
採用權益法之投資	27,641,505	1	21,963,418	1
❹不動產、廠房及設備	2,693,836,970	54	1,975,118,704	53
使用權資產	41,914,136	1	32,734,537	1
無形資產	25,999,155	1	26,821,697	1
遞延所得稅資產	69,185,842	1	49,153,886	1
存出保證金	4,467,022	-	2,624,854	-
其他非流動資產	7,551,089	-	2,592,169	1
非流動資產合計	2,911,882,134	59	2,118,430,548	57
資產總計	4,964,778,878	100	3,725,503,455	100

製造業日常經營最重要的 4 大項目：①現金　②應收帳款　③存貨　④廠房及設備		
2022 年度	① + ② + ③ + ④	占總資產比重
台積電	45,311 億元	91%
同業	4,205 億元	79%
顯示台積電的資產大部分為營運所需		

資料來源：台積電 2022 年報、作者整理

經營無關，所以金額越小越好。再比如「遞延所得稅資產」這個科目，代表企業不是早繳稅了，就是還沒有運用法律賦予的抵稅權，從管理角度來看，殊為可惜。

如果企業的資產配置大部分是「不動產、廠房及設備」、「存貨」、「應收帳款」和「現金」這 4 項資產，表示這家公司是比較健康的。從表 2-7 台積電的資產負債表可看出，2022 年這 4 個科目加起來達台積電當年度資產總額的 91%，較同業的 79% 要高，表示台積電的資產大部分為營運所需。

有人認為各項「短期投資」是企業將多餘的現金，進行投資以獲取報酬的手段，它們是現金的延伸，應該也可以歸類為營運所必須的資產。但以我多年觀察，很多短期性投資往往是提供給銀行作為借款的抵押品。且一些公司的短期性投資往往一擺就數年不動，那當初為何要投資？擺到現在到底是賣不掉，還是不願賣？或是單純美化流動資產金額？其實沒人知道！因此，以觀察公司營運的角度來解讀財報數字，我不會將短期性投資歸類為營運所需。

不過，若是讀者了解標的公司甚深，將其沒有充當銀行借款抵押品的短期理財性投資列為營運所需，也是可以的。例如台積電的短期理財性投資大部分都是以賺取利息為主的各種政府及公司債券，絕對可以歸類為營運所需。

也有人問到：企業基於營運需要而轉投資其他公司，是否也可以歸類為營運所需？其實這個問題本身就已經自我回答問題了！那就是如果轉投資的目的是：1. 基於本身業務需要，例如台積電投資創意，是為了幫客戶設計 ASIC 晶片，不但為客戶解決問題，也透過創意帶進代工業務；2. 可以了解所處產業、增加業務甚至併購機會，例如工業電腦龍頭研華，以小額方式投資很多同業以及新創工業電腦相關公司，讓公司可以掌握整個產業發展趨勢；3. 投資金額合理，也就是投資金額不會大到讓經營失焦。符合這 3 項標準，我們也可以認定這些是營運所必需。

　　以表 2-8，牛仔褲代工廠的如興（4414）財報數字為例。筆者在 2019 年本書一版中曾提到，如興在 2018 年底財報重編前的資產有 263 億元，其中有將近 80 億元為無形資產，這是因為如興在 2017 年以約 100 億元併購大陸公司玖地，但玖地的淨有形資產只有約 20 億元，因而產生約 80 億元的無形資產出來。

　　另外，伴隨玖地這項併購及其他併購案，如興財報中又多出超過 40 億元的「其他應收款」、「預付款項」及「待出售非流動資產」。這 3 個科目餘額都是同業沒有的或金額很少的。以如興 2018 年重編前財報數字來看，「其他應收款」、「預付款項」、「待出售非流動資產」以及「無形資產」加起來約為 121 億元，這些非日常營運所需的資產占比過高，表示公司可用來日常營運的資產，比擁有同樣資產規模的同業少很多，恐不利於公

表 2-8　如興 2018 年的「資產」檢視

如興 2018 年重編前合併資產負債表（摘要）				
會計項目	2018 年度		2017 年度	
單位：仟元	金額	%	金額	%
流動資產				
現金及約當現金	1,428,184	5	2,972,486	12
透過損益按公允價值衡量之金融資產－流動	10,355	-		
按攤銷後成本衡量之金融資產－流動	1,776,157	7		
無活絡市場之債務工具投資－流動	-	-	1,150,314	5
應收帳款淨額	2,920,217	11	2,942,836	12
其他應收款	**1,090,304**	**4**	990,213	4
其他應收款－關係人	158	-	101,423	
存貨	3,848,069	15	3,990,507	15
預付款項	**1,472,014**	**6**	1,262,161	5
待出售非流動資產	**1,562,683**	**6**	17,848	-
其他流動資產	2,710	-	2,245	-
流動資產合計	14,110,851	54	13,430,033	53
非流動資產				
透過損益按公允價值衡量	170,000	1	-	
無活絡市場之債務			170,000	1
採用權益法之投資	52,254	-	59,401	-
不動產、廠房及設備	3,235,240	12	3,063,000	12
投資性不動產	109,138	-		
無形資產	**8,011,975**	**30**	8,241,204	33
遞延所得稅資產	5,104	-	1,169	-
預付設備款	399,781	2	17,323	-
存出保證金	196,282	1	226,513	1
長期應收款－關係人	48,028	-	34,428	-
預付投資款	-	-	4,487	-
長期預付租金	9,124	-	9,545	-
非流動資產合計	12,236,926	46	11,827,070	47
資產總計	26,347,777	100	25,257,103	100

> 「其他應收款」、「預付款項」、「待出售非流動資產」及「無形資產」，合計超過 120 億元，皆非日常營運所需

資料來源：公開資訊觀測站

司未來的發展。

而事後也顯示該公司在併購玖地後，從 2018 年至 2022 年，5 年間公司總計虧損約 91 億元。

標準 4：從「資產運用效能」觀察企業賺錢能力

「資產運用效能」是指一塊錢的財產能做幾塊錢的生意。因此，資產運用效能對企業來說，就像餐廳餐桌的翻桌率一樣，當然是翻桌率越高越好。

其計算公式是：$\dfrac{\text{年營收總額}}{\text{平均資產總額}}$

平均資產總額指的是：$\dfrac{（\text{期初資產總額}＋\text{期末資產總額}）}{2}$

資產運用效能受 3 個因素的影響：

1. 產業別：不同產業有各自的合理資產運用效能比率。例如，IC 買賣業大聯大，其 2022 年度 1 塊錢的財產可以做到 2.57 元的生意，一般製造業的鴻海，同年度的數字是 1.65 元，零售通路業的全家是 1.29 元，以銀行為主業的中信金是 0.02 元（表2-9）。以上這些數據都是合理的。如果要找出規則的話，通常而言，一般買賣業會高於製造業；零售通路業與一般製造業互有

表2-9　不同產業的合理資產運用效能，差異很大

2022 年度	大聯大	鴻海	全家	中信金
總資產週轉率（次）	2.57	1.65	1.29	0.02

資料來源：作者整理

表2-10　台積電因大擴產，資產運用效能短期下降　　單位：仟元

項目／年度	2022 年度	2021 年度	2020 年度
營收	2,263,891,292	1,587,415,037	1,339,254,811
資產總額	4,964,778,878	3,725,503,455	2,760,711,405
2 年平均總資產	4,345,141,167		3,243,107,430

資料來源：台積電年報、作者整理

> 2022 年：營收 22,639 億／
> 平均總資產 43,451 億 = 52%
> （同業 56%）

> 2021 年：營收 15,874 億／
> 平均總資產 32,431 億 = 49%
> （同業 51%）

高低；一般製造業會高於資本及技術密集的高科技業。所以**千萬不要拿不同產業的公司來比較其資產運用效能。**

　　2. 經營團隊的經營力度：指的是人才、技術、良率、速度以及日常管理措施等綜合效能如何發揮。例如台積電不論在人才、技術、良率上一直是業界的典範，其 2021 年度之前的資產運用效能通常比同業高出 25% 以上。而 2021 及 2022 年度的資產運用效能比同業低（表 2-10）的原因，主要是台積電自 2021 年起進行 3 年 1,000 億美金的大擴產，這兩年帳上數千億甚至超過 1

兆元的未完工程，以及囤積上兆元的現金，是造成資產運用效能短期間下跌的主因。

3. 企業資產為營運所需的百分比：通常而言與正常營運相關的資產比率越高，資產運用效能就越高，反之就越低。例如從事牛仔褲生產的如興，因為太多資產與正常營運無關，其多年來的資產運用效能一直低於同業的年興。

標準 5：從「流動比率」衡量企業短期風險

流動資產是指 1 年或一個營業週期內會變為現金的資產總額，流動負債是指 1 年或一個營業週期內必須償還的負債總額。

一個財務健全的公司，除非行業非常特殊，其流動資產總額都會大於流動負債。因此從「流動資產／流動負債」之比率，即「流動比率」，可以判定一家公司在短期內是否有財務風險。

基本上，除非是特殊產業，例如電廠、港埠等公共事業，或營業模式是先收後付的零售通路（例如統一超）等企業，因為政府支持或產業特性，其流動比率可以較低外，**大部分產業的流動比率若在 120% 以上，表示流動性很好，低於 110% 要小心，若是流動比率低於 100% 時，表示企業的償債能力「可能」有疑慮**，這時貸款銀行會非常緊張，可能會要求公司立即改善，否則新增借款會出現問題，甚至會收縮原有貸款。

表 2-11　從流動比率衡量企業短期風險

台積電 2022 年合併資產負債表（摘要）				
會計項目	2022 年度		2021 年度	
單位：仟元	金額	%	金額	%
流動資產合計	2,052,896,744	41	1,607,072,907	43
流動負債合計	944,226,817	19	739,503,358	20

資料來源：台積電 2022 年報、作者整理

> 流動比率 = 流動資產／流動負債
> = 20,529 億／9,442 億 = 217%（同業 232%）
> 過低不利於償債能力，過高不利於資金運用

　　因為流動比率過低暗示公司有財務危機，對於投資人來說，若發現此徵兆宜伺機出場，也可進一步參閱第 3 章「從短期負債科目看還款壓力」，以決定應否立刻忍痛出場。

　　另一方面，若公司多年來流動比率相當高，表示公司可調動的資金充裕，宜適當多發放股利給股東。從表 2-11 可看出，台積電的流動比率很高，優點是資金充裕、經營穩健，缺點是資金運用效能並不突出。造成資金運用效能不高的原因是，為了籌措 1,000 億美金的資本支出，台積電發行數千億元公司債，加上偏低的股息／獲利配發率所致。從某個角度來看，台積電的財務操作極為保守。

標準 6：從「負債比率」觀察風險偏好與財務強度

　　負債比率即負債占總資產之比重，其公式為「負債／總資產」。根據筆者對產業的了解，台灣產業的「合理」負債比率大致如下：

- **人壽及銀行業：90%-95%**

- **證券、租賃、產險及民生通路業（如全家）：80% - 90%**

- **大型電子代工（如廣達）、IC 通路商（如大聯大）：65% - 80%**

- **一般買賣、製造業：40% - 65%**

- **產業波動大且重度資本密集產業（如台積電）：50% 以下**

　　產業間合理的負債比率差異如此大，主要是不同產業的產業特性與商業模式往往不同，合理的負債比率當然會不同。唯一例外就是身負國家政策需要的國營企業，例如鐵路、油電、港埠以及自來水等，可以有較高負債比率，因為如果經營不繼時，政府最終會買單。例如背負平穩物價使命而不敢大調電價的台電，2022 年大虧 2,264 億元，2022 年年底負債比率高達 95%，若再考量未打銷的核四 2,813 億元資產，台電的負債比率其實已經超過 100%。

　　一家公司的負債比率較同業低，雖然代表其經營風險較低，

但也可能影響公司的獲利能力，因為這同時也**代表公司沒有充分運用外部資金（如銀行借款），甚至閒置很多資金，沒能幫股東賺更多錢。因此負債比率偏低，就獲利能力而言未必是好的。**反之，如果企業不向股東拿錢，而透過大量借貸來維持營運，雖然可以幫股東賺更多錢，但一旦景氣反轉，企業獲利率低於銀行借款利率，不但會損傷股東利益，甚至會因負債比率上升，而危及企業生存。

就「風險偏好」而言，營業淨利率低的產業，為了衝高EPS，會用較高的負債比，以提高股東的獲利率。如鴻海2022年的營業淨利率是3%，同年負債比是60%；相反的，台積電2022年的營業淨利率是50%，它的負債比只有40%。（表2-12）

此外，同一產業中，有些企業經營者為了幫股東賺更多錢而舉借更多負債，造成高負債比率，例如宏碁2022年的負債比是63%，而其同業美國惠普（HP）是108%。HP負債比率超過100%，並非營運虧損所致，相反的，HP是個相當賺錢的公司，其高負債比主要是它幾乎每年都會透過買回股票註銷以及發放股息方式，給予股東巨額的回報，就這樣給著給著，股東淨值最後就變成負的了。我們可比較同產業內、不同企業的負債比率，看出企業的風險偏好度。

就「財務強度」的角度來觀察，企業的負債比率如果在產業

表 2-12　從「負債比率」觀察企業風險偏好與財務強度

台積電 2022 年合併資產負債表（摘要）				
會計項目	2022 年度		2021 年度	
單位：仟元	金額	%	金額	%
流動負債				
短期借款	-	-	114,921,333	3
透過損益按公允價值衡量之金融負債	116,215	-	681,914	-
避險之金融負債	813	-	9,642	-
應付帳款	54,879,708	1	47,285,603	1
應付關係人款項	1,642,637	-	1,437,186	-
應付薪資及獎金	36,435,509	1	23,802,100	1
應付員工酬勞及董事酬勞	61,748,574	1	36,524,741	1
應付工程及設備款	213,499,613	4	145,742,148	4
應付現金股利	142,617,093	3	142,617,093	4
本期所得稅負債	120,801,814	3	59,647,152	2
一年內到期長期負債	19,313,889	-	4,566,667	-
應付費用及其他流動負債	293,170,952	6	162,267,779	4
流動負債合計	**944,226,817**	**19**	**739,503,358**	**20**
非流動負債				
應付公司債	834,336,439	17	610,070,652	16
長期銀行借款	4,760,047	-	3,309,131	-
遞延所得稅負債	1,031,383	-	1,873,877	-
租賃負債	29,764,097	-	20,764,214	1
淨確定福利負債	9,321,091	-	11,036,879	-
存入保證金	892,021	-	686,762	-
其他非流動負債	179,958,116	4	167,525,377	5
非流動負債合計	**1,060,063,194**	**21**	**815,266,892**	**22**
負債合計	**2,004,290,011**	**40**	**1,554,770,250**	**42**

會計項目	2022 年度		2021 年度	
單位：仟元	金額	%	金額	%
歸屬於母公司業主之權益				
股本				
普通股股本	259,303,805	5	259,303,805	7
資本公積	69,330,328	1	64,761,602	2
保留盈餘				
法定盈餘公積	311,146,899	6	311,146,899	8
特別盈餘公積	3,154,310	-	59,304,212	2
未分配盈餘	2,323,223,479	47	1,536,378,550	41
保留盈餘合計	2,637,524,688	53	1,906,829,661	51
其他權益	(20,505,626)	-	62,608,515	2
母公司業主權益合計	2,945,653,195	59	2,168,286,553	58
非控制權益	14,835,672	1	2,446,652	-
權益合計	2,960,488,867	60	2,170,733,205	58
負債及權益總計	4,964,778,878	100	3,725,503,455	100

資料來源：台積電 2022 年報

的合理負債比率以內，銀行通常會比較放心貸款，但如果負債比率超過合理比率，銀行就會開始緊張；超過合理比率太多，除非你是國營事業如台灣電力公司（2022 年底負債比率 95%），或是借款擔保品充足，否則銀行一定會希望公司盡快增資，因為他們已經在擔心公司可能會有倒閉的危機。

　　除非是特殊產業，否則如果負債比率貼近 75%，依照我們會計師的實務經驗，企業有 95% 的可能性會倒閉，如果貼近 80%，有 99% 的機會會倒閉，為什麼？試想一下，如果公司的

表 2-13　過高負債比率顯示公司有倒閉危機

茂德 2010 年資產負債表（摘要）				
會計科目	2010 年度		2009 年度	
單位：仟元	金 額	%	金 額	%
流動負債				
短期借款	5,144,512	6	7,534,476	7
應付票據	75,797	-	49,742	-
應付帳款	1,914,512	2	4,240,442	4
應付費用	4,844,517	5	3,889,732	3
其他應付款項 - 關係人	242,759	-	409,185	-
應付設備款	3,371,241	4	4,998,898	5
其他應付款	51,823	-	131,997	-
預收款項	7,012	-	133,643	-
應付可轉換公司債	-	-	795,943	1
一年或一營業週期內到期長期負債	1,559,498	2	2,227,959	2
流動負債合計	17,211,671	19	24,412,017	22
長期負債				
避險之衍生性金融負債 - 非流動	35,953	-	80,196	-
應付公司債	1,601,341	2	1,699,148	2
長期借款	52,803,775	59	51,689,675	47
長期應付款	1,374,043	2	2,128,963	2
應付租賃款 - 非流動	7,101,900	8	8,201,560	7
長期負債合計	62,917,012	71	63,799,542	58
其他負債				
應計退休金負債	-	-	13,121	-
存入保證金	2,238	-	25,505	-
其他負債 - 其他	-	-	62,628	-
其他負債合計	2,238	-	101,254	-
負債總額	80,130,921	90	88,312,813	80

資料來源：公開觀測資訊站

2009 年負債比率超過 80%
死亡線，1 年後爆發財務危
機，並於 2012 年下櫃

負債比率已經高達 80% 卻還不增資，原因是什麼？應該要增資卻未增資的原因通常只有兩個：

第一個原因是股東有錢，但是覺得這家公司前景或經營不佳，不想增資了。因為這種原因而不增資的，其實很少，因為公司向銀行借錢時，銀行大多會要求大股東對借款背書保證，如果公司因為不增資而倒閉，大股東也無法獨善其身。所以公司負債比率很高而不增資的原因大多是第二種原因，就是股東很想增資，但是股東自己也已經沒錢了。所以**一個應增資而不增資的公司可能在暗示，大股東的財力也有問題了！**

在無法從市場找資金，大股東也不願意或沒有錢增資的情況下，負債比率過高的公司要不倒閉也難。這就是為什麼從負債比率，往往也能看出股東與經營者財務強度的原因。我們以生產DRAM 的茂德為例，它在 2009 年時的負債比率超過 80% 這條死亡線後，只掙扎了 1 年多，就在 2010 年爆發財務危機，並於2012 年下櫃。我們從表 2-13 即可看出其異常的負債比率。

負債比率是一個很嚴肅的議題，有時候我們在計算負債比率時會有盲點。例始台積電 2022 年 40% 的負債比率是有水分的，若扣掉台積電「超額的」現金水位，台積電的負債比率應該在35% 左右。再例如如興 2017 年併購大陸玖地牛仔褲公司時，產生高達 80 幾億元的無形資產。當公司經營不好、財務狀況不佳時，無形資產沒有太大的價值，尤其公司不賺錢的時候，無形資

表 2-14　上市公司會計主管異動，需特別留意

	本資料由（公開發行公司）■■ 公司提供				
	變更前名稱：■■建設股份有限公司				
序號	8	發言日期	103/03/28	發言時間	16:53:31
發言人	○○○	發言人職稱	行政管理部副總經理	發言人電話	02- ╳╳╳╳╳╳╳╳
主旨	公告本公司會計主管異動				
符合條款	第 8 款	事實發生日	103/03/28		
說明	1. 人員變動別（請輸入發言人、代理發言人、重要營運主管之名稱、財務主管、會計主管、研發主管、內部稽核主管或訴訟及非訴訟代理人）：會計主管 2. 發生變動日期：112/03/28 3. 舊任者姓名、級職及簡歷：○○○、本公司協理 4. 新任者姓名、級職及簡歷：○○○、本公司副總經理 5. 異動情形（請輸入「辭職」、「職務調整」、「資遣」、「退休」、「死亡」、「新任」或「解任」）：職務調整 6. 異動原因：公司組織調整 7. 生效日期：112/03/28 8. 新任者聯絡電話:02- ╳╳╳╳╳╳╳╳ 9. 其他應敘明事項：於 103/03/28 董事會通過任命案				

資料來源：公開資訊觀測站

產的價值甚至會變為零。

　　所以在計算一個公司的負債比率時，有時候不要只看表面的數字。如果是我來算如興的負債比率，我會把無形資產從資產淨值裡扣掉，來得出真正的負債比率。以如興 2018 年底重編前的報表來看，負債 121 億元除以總資產 263 億元，負債比率是 46%，非常的漂亮，符合傳產負債比率 65% 以內的標準。但如果把總資產中的 80 億元無形資產（商譽及客戶關係）扣除，就只剩下 183 億元，負債比率立刻上升至 66%。

　　發現一家公司的負債比率較產業的合理比率高時，可以到「股市公開資訊觀測站」查詢其人事異動，如果發覺財會經理離職或是調整時，你必須更加小心。依照法令規定，財會主管若要離職或進行職務調整，屬於重大訊息必須申報，並且會在股市觀測站上揭露之，如表 2-14。

　　不過，財務經理離職暗示公司財務出現問題，對公司殺傷力很大，所以很多公司「上有政策、下有對策」，如果財務經理提出辭呈，會商請其不要離職，以「交接」為由轉調至其他部門。這時我們就會看到如表 2-14 所揭露的異動原因：公司組織調整，或是職務調整，然後在 1 至 2 個月「交接」完成後才離職，而財務經理轉調至其他部門後離職，依規定已不需要申報及公告了，因此內行人都知道，財務困難的公司公告財務經理「職務調整」，往往與「離職」幾乎畫上等號。

標準7：兼看「個體報表」更了解企業經營狀況

以上說明的各項標準，都是以合併報表的角度來看。因為依照台灣證管會的規定，企業財報應以「合併報表」為主，但是企業的年度財報除了合併報表外，還必須另外再編一份「個體報表」。「合併報表」與「個體報表」有何不同？

以台積電為例，目前台積電在台灣有 6 座 12 吋晶圓廠、4座 8 吋晶圓廠和 1 座 6 吋晶圓廠，這些都是台積電名下的公司。不過，台積電在海外還有其他子公司，包括 4 家百分之百持有之海外子公司—南京、上海、華盛頓州及亞利桑那州，此外還有持股 50% 以上的日本及德國子公司。這些海外子公司在法律上都是獨立的個體，台積電是以持有股份的方式擁有它們。

台積電「個體報表」是指僅限台積電名下各廠的資產、負債及損益，亦即只含台灣的十幾座晶圓廠。台積電的「合併報表」是指除了台灣外，還包括全球台積電子公司的資產、負債及損益的報表。

對投資人而言，如果只看台積電的「個體報表」，無法看到台積電整體的營運全貌，如此在判斷投資價值上會有落差。

再以鴻海為例，鴻海在台灣雖然有生產線，然而只占極小的比率，鴻海的生產線主要分布在中國大陸、美國、墨西哥、越南、印度、巴西甚至捷克都有設廠。如果把工廠視為身體、手跟

腳，鴻海就是一個頭在台灣，身體、手和腳則分布在世界各地的企業，只看台灣一個地方的報表（個體報表）是沒有意義的，應該宏觀看其全球布局才是對的。合併報表就是要讓投資者看出企業全貌的報表，所以法律規定上市櫃公司每季都要出具合併報表，個體報表做為補充資訊，每年編一份年度報表即可。

然而，當一家企業從事太多不同業務或是編入合併報表的子公司不是 100% 持有時，合併報表的缺點就會出現。

以已經倒閉的顯示器製造大廠華映為例，華映 2017 年的報表中，有很多的合併子公司，其中最大的就是大陸華映。大陸華映是一家在大陸上市的公司，過去幾年來大多是獲利的，然而台灣華映母公司大多時候卻是虧損的，而且台灣華映只持有大陸華映 25% 股權而已。但基於一些勉強說得過去的理由，大陸華映被編入台灣華映的合併報表中。

在合併報表中，台灣華映的報表「看起來」似乎還可以，有很多現金，股東權益也有 4 成之多。其實如果只看個體報表，華映沒有錢，而且負債極高，經營狀況相當惡劣。從表 2-15 及表 2-16 即可看出兩者之差異。

比較華映的合併報表（表 2-15）與個體報表（表 2-16）可以看出來，沒有主要來自持股 25% 子公司—大陸華映財務數字的美化修飾之下，台灣華映 2017 年的現金立刻從 252 億元降至

表 2-15　華映 2017 年合併資產負債表（摘要）

會計項目	2017 年度		2016 年度	
單位：仟元	金額	%	金額	%
流動資產				
現金及約當現金	25,205,131	19	36,313,430	26
透過損益按公允價值衡量之金融資產 - 流動	-	-	16,346,955	12
無活絡市場之債務工具投資 - 流動	18,975,127	14	18,469,244	13
應收票據淨額	-	-	2,768	-
應收帳款淨額	1,738,473	1	2,160,916	2
應收帳款 - 關係人淨額	-	-	112	-
其他應收款	701,848	-	2,898,110	2
其他應收款 - 關係人	7,244	-	6,196	-
存貨	3,609,967	3	2,931,253	2
預付款項	2,269,337	2	380,497	-
待出售非流動資產（或處分群組）（淨額）	-	-	13,145,873	9
流動資產合計	**52,507,127**	**39**	**92,655,354**	**66**
流動負債				
短期借款		22	41,822,376	30
應付短期票券		2	1,857,980	1
應付票據		1	335,547	-
應付帳款		4	4,080,411	3
應付帳款 - 關係人		1	1,363,537	1
其他應付款	8,797,650	7	4,705,912	4
其他應付款項 - 關係人	380,067	-	1,690,555	1
本期所得稅負債	147,017	-	254,877	-
與待出售非流動資產（或處分群組）直接相關之負債	-	-	4,339,032	3
預收款項	338,394	-	295,419	-
一年或一營業週期內到期或執行賣回權公司債	-	-	806,250	1
一年或一營業週期內到期長期借款	9,582,279	7	10,168,480	7
其他流動負債 - 其他	471,792	-	476,814	-
流動負債合計	**59,600,465**	**44**	**72,197,190**	**51**

> 流動比率：
> 2016 流動資產 927 億 / 流動負債 722 億 =128%
> 2017 流動資產 525 億 / 流動負債 596 億 =88%
> → 2017 流動比率已低於 100%，表示償債能力
> 已出現問題

非流動負債				
長期借款	15,880,070	12	10,260,925	7
負債準備—非流動	242,544	-	228,865	-
遞延所得稅負債	690,708	1	1,170,269	1
長期應付票據	16,848	-	-	-
長期遞延收入	104,796	-	184,710	-
淨確定福利負債—非流動	794,069	1	1,209,116	1
存入保證金	24,768	-	39,956	-
非流動負債合計	17,753,803	14	13,093,841	9
負債總計	**77,354,268**	**58**	**85,291,031**	**60**
歸屬於母公司業主之權益				
股本				
普通股股本	64,794,541	48	64,794,541	46
資本公積	10,843,142	8	10,131,939	7
保留盈餘				
待彌補虧損	(57,940,896)	(43)	(60,980,594)	(43)
其他權益				
國外營運機構財務報表換算之兌換差額	(1,830,277)	(2)	(1,450,961)	(1)
備供出售金融資產未實現損益	(1,687,447)	(1)	(2,320,258)	(2)
與待出售非流動資產（或處分群組）直接相關之權益	-	-	(115,426)	-
歸屬於母公司之業主權益合計	**14,179,063**	**10**	**10,059,241**	**7**
非控制權益	**42,751,335**	**32**	**46,091,388**	**33**
權益總計	**56,930,398**	**42**	**56,150,629**	**40**
負債及權益總計	134,284,666	100	141,441,660	100

資料來源：公開資訊觀測站

權益總計占總資產的 42%，
但是歸屬於母公司之業主權益僅占總資產的 10%，
→換句話說，大部分權益都是大陸華映小股東的，
在這種情況下，看合併報表是沒有意義的

表 2-16　華映 2017 年個體資產負債表

會計項目	2017 年度		2016 年度	
單位：仟元	金額	%	金額	%
流動資產				
現金及約當現金	**3,485,121**	**7**	**3,416,241**	**7**
無活絡市場之債務工具投資 - 流動	46,813	-	146,785	-
應收票據淨額	-	-	54	-
應收帳款淨額	1,130,776	3	1,400,105	3
應收帳款 - 關係人淨額	253	-	189,794	-
其他應收款	45,725	-	87,191	-
其他應收款 - 關係人	113,702	-	152,827	-
存貨	2,117,469	5	2,211,965	4
預付款項	84,272	-	91,688	-
待出售非流動資產（或處分群組）（淨額）	-	-	5,339,030	10
流動資產合計	**7,024,131**	**15**	**13,035,680**	**24**
流動負債				
短期借款	5,258,830	11	5,437,730	10
應付票據	58,183	-	59,655	-
應付帳款	1,896,816	4	1,862,149	3
應付帳款 - 關係人				
其他應付款	2,572,882	5	2,428,610	5
其他應付款項 - 關係人	270,838	1	1,333,775	3
預收款項	8,123,404	17	15,259,269	27
一年或一營業週期內到期長期借款	2,423,125	5	1,862,450	3
其他流動負債 - 其他	459,368	1	465,229	1
流動負債合計	**30,586,285**	**64**	**37,372,336**	**69**
非流動負債				
長期借款	1,400,474	3	4,514,615	8
負債準備－非流動	242,544	-	228,865	-
遞延所得稅負債	690,708	1	1,170,269	2
長期應付票據	16,848	-	-	-
長期遞延收入	27,329	-	268,081	1
淨確定福利負債－非流動	794,069	2	1,209,116	2
存入保證金	5,548	-	6,779	-
非流動負債合計	3,177,520	6	7,397,725	13
負債總計	**33,763,805**	**70**	**45,770,061**	**82**

> 現金：
> 合併報表 252 億
> 個別報表 35 億

> 流動比率：
> 2016 35%
> 2017 23%
> （2017 合併報表流動比率
> 為 88%）

資料來源：公開資訊觀測站

35 億元，負債比率從 58% 爬升至危險的 70%，更可怕的是，流動比率從原本已經不及格的 88%，降到不可思議的 23%，若是沒有母公司大同的支持，華映恐怕早就倒閉了。

因此，如果想要投資一家公司，建議投資人除了合併報表以外，必要時也要看一下個體報表，分析個體報表與合併報表之間的數字是否有重大的差異。

但問題是何時需要看個體報表，何時不必看？我的建議是，大多數時候是不必看的，只有在少數情形下才需要看個體報表。

第一種情況是合併報表中股東權益的「非控制權益」的金額很大。**「非控制權益」的金額越大，代表合併報表主體母公司的權益越小。**以華映為例，華映 2017 合併報表中，「非控制權益」的金額高達 428 億元（占總資產的 32%），代表在華映 569 億元的股東權益總計（占總資產的 42%）裡，絕大部分都是屬於大陸華映的其他股東所有。

而台灣華映的股東權益，也就是「歸屬於母公司之業主權益合計」約 142 億元，僅占總資產的 10%。當合併報表呈現的情形是這樣的時候，若還不進一步深究個體報表，更待何時？

必須看個體報表的情況二是，一個公司的合併報表中，合併了太多不同的產業，導致從合併報表中看不出一些關鍵數字。例如裕隆和和泰汽車合併了租賃與產險等子公司的數據，如果要從

合併報表中研究裕隆和和泰的極高的負債比率以及偏低的流動比率,是沒有意義的。甚至於一般人連損益表都看不懂,這時就必須回頭來看個體報表了。

我們回頭去看**台積電的合併報表和個體報表,會發現兩者的差異很小,這就表示台積電的經營架構與業務內容很簡單**,表現在財務數字上也很一目暸然。

用來美化、掩護的財務數字,就如同巴菲特的名言,「只有退潮的時候,你才知道誰在裸泳。」撥開合併報表的迷霧,搭配個體報表參看,更能判別一家公司真正的投資價值。

抓出數字背後的魔鬼
——從微觀角度看懂「資產負債表」

從宏觀角度看財務數字，可能掌握 60% 狀況，尚有潛藏的 40% 問題
對經營者而言，細微之處往往才是決策的關鍵
對投資者而言，細微之處往往才能告訴你「魔鬼」在哪裡

了解資產負債表上的「資產」、「負債」、「股東權益」之後，企業經營者與投資者可以依據 7 個指標，解讀各項會計科目，以衡量企業真實的經營情形，我們以台積電資產負債表為例，解讀各科目透露的秘密。

衡量指標 1：從「現金及約當現金」餘額的合理性，檢視經營的穩健性

近年來台積電每年年底大多保有超過 1 兆元的現金，若再加上沒有充做擔保之用的短期金融商品投資，甚至超過 1.5 兆元。而鴻海近年來帳上的現金以及短期金融商品投資也達 1.1 兆元左右。

這些數字看起來非常驚人，不過比起蘋果電腦 2022 年財報顯示的現金，加上短期金融商品投資，再加上藏在長期金融商品投資的金額，有 1,691 億美元之多。1,691 億美元乘以 31 或 32，換算成台幣，這實在是天文數字！

為什麼從財報的現金與約當現金的金額，可以顯示其穩健度？首先我們要先了解在資產負債表上「現金與約當現金」這個會計科目的意義。「現金與約當現金」其實不只是單純的現金，包括支票存款、活期存款及 3 個月內到期的定期存款、債券等都稱為「現金及約當現金」。

現金的安全水位宜保持 2 個月

錢多不一定好，但是適度的現金是必要的，但何謂「適度」呢？看法見仁見智。一般而言，所謂「適度」是指一般企業在沒有任何現金流入的情況下，仍能夠維持營運 2 至 3 個月。

公司營運有許多基本營運支出，這些基本開銷包含購買原材料、支付人員薪酬、水電費、各項稅費、廠房及設備維修費等等不一而足，此外對於每年都有巨額資本支出的重度資本密集企業，購買設備支出也應列入。甚至於台灣《公司法》已經修訂，企業可以按季分配股息，所以對於特定知名企業如台積電的正常開銷，除了日常營運外，設備與股息或許都必須列入。

計算企業的正常開銷，首先就是計算**企業年度的日常開銷，加計當年度的資本支出以及股息，這 3 個數字加起來就是年度支出，把這個數字除以 12 再乘上 2（2 個月），就可以和企業財報上的「現金與約當現金」相比較，看看企業保有的現金金額是否適度。**

以台積電 2022 年為例，營收是 2 兆 2,639 億元，稅後淨利是 1 兆 169 億元，亦即 1 年的各項開銷約 1 兆 2,470 億元，但是這 1 兆 2,470 億元的開銷中，約有 4,373 億元是不用花錢的折舊與攤銷費用（詳細數字可以從現金流量表的「折舊及攤銷費用」中查到），減掉這個數字後可以得出台積電 1 年營運所需的現金支出約是 8,097 億元。

2022 年台積電大概買了 1 兆 1,399 億元的設備（可參看「不動產、廠房及設備」的附註），1 年支付約 2,852 億元的股息，這些支出加總是 2 兆 2,348 億元。

　　也就是說，如果台積電 2023 年的營收、獲利，資本支出以及股利政策不變的話，其一年的開銷大約就是 2 兆 2 千多億元。以 22,348/12 得出台積電 1 個月的正常開銷約是 1,862 億元。

　　如果今天台積電都沒有現金流入，那麼從表 3-1 資產負債表上的 1 兆 3,428 億元「現金及約當現金」來看，可以供幾個月之用？我們將 13,428 ／ 1,862 得出可以使用 7.2 個月。也就是說，假設台積電突然發生未知的狀況，無法向客戶收到款，也無法借到錢的話，手上儲備的現金還可以讓企業維持正常的營運、添置設備，並且順利支付股息達 7.2 個月之久。

　　實務上，計算手上現金時有人會把各項短期金融商品投資列入，例如我們可以把台積電各項短期投資約 2,187 億元加入當做分子。計算營運支出時有人會不計入資本支出及股息，有人計入資本支出但剔除股息，也有人加計 1 年內到期的各項借款。這些都是因為對穩健度的看法不同，以致算法各異。讀者可以依自己的保守程度，選擇上述的算法之一去推算。

　　至於鴻海，鴻海 2022 年底帳上雖然有 1 兆 623 億元的現金，但是因為鴻海營業額太大（2022 年約 6.6 兆元），依照上述

表 3-1　從台積電現金看經營穩健度

台積電 2022 年合併資產負債表（摘要）				
會計項目	2022 年度		2021 年度	
單位：仟元	金額	%	金額	%
流動資產				
現金及約當現金	1,342,814,083	27	1,064,990,192	29
透過損益按公允價值衡量之金融資產	1,070,398	-	159,048	-
透過其他綜合損益按公允價值衡量之金融資產	122,998,543	2	119,519,251	3
按攤銷後成本衡量之金融資產	94,600,219	2	3,773,571	-
避險之金融資產	2,329	-	13,468	-
應收票據及帳款淨額	229,755,887	5	197,586,109	5
應收關係人款項	1,583,958	-	715,324	-
其他應收關係人款項	68,975	-	61,531	-
存貨	221,149,148	4	193,102,321	5
其他金融資產	25,964,428	1	16,630,611	1
其他流動資產	12,888,776	-	10,521,481	-
流動資產合計	2,052,896,744	41	1,607,072,907	43
非流動資產				
透過其他綜合損益按公允價值衡量之金融資產	6,159,200	-	5,887,892	-
按攤銷後成本衡量之金融資產	35,127,215	1	1,533,391	-
採用權益法之投資	27,641,505	1	21,963,418	1
不動產、廠房及設備	2,693,836,970	54	1,975,118,704	53
使用權資產	41,914,136	1	32,734,537	1
無形資產	25,999,155	1	26,821,697	1
遞延所得稅資產	69,185,842	1	49,153,886	1
存出保證金	4,467,022	-	2,624,854	-
其他非流動資產	7,551,089	-	2,592,169	1
非流動資產合計	2,911,882,134	59	2,118,430,548	57
資產總計	4,964,778,878	100	3,725,503,455	100

> 若台積電 2023 年每月平均開銷為 1,862 億元在無任何新增收入下，仍可支應 7.2 個月營運

資料來源：台積電 2022 年報

的計算方法得出鴻海的現金大約只能供其使用 1.9 個月。

　　所以我們可以得出一個結論，不可以僅憑帳上現金的多寡去衡量一家企業財務的穩健性，而是應該考量企業營運規模。

　　台積電手上的現金很多，從企業經營穩健的角度來衡量，台積電的經營也的確很穩健。之所以握有這麼多的現金，我們以國內外資本與技術密集的企業都喜歡囤積現金來合理推估，擁有越多現金越有利於企業度過不景氣，甚至可以趁不景氣時逆勢加碼投資，以擺脫競爭者的追趕，這應該也是台積電囤積這麼多現金的主因吧！

勿把現金全部放在借款銀行

　　一般來說，國際化越深或是經營績效越卓越的台灣企業，如廣達、聯發科、大立光等，他們的現金水位都很高，都在 2 個月甚至達到半年以上。然而台灣有更多的中小企業想的卻是：「沒錢無所謂啊！因為都有跟銀行簽融資額度或是透支額度，沒有錢可以去銀行搬就好。」因而認為保留太多的現金是一種浪費。

　　特別是很多企業的利潤率都很低，與其保留那麼多現金，不如拿去償還銀行貸款，以提高企業的利潤，因此在實務上大概都只保有 1 個月左右的現金。

　　然而，企業經營的風險瞬息萬變，俗話說「不怕一萬、只怕

萬一」，如果突然遭逢官司或是天災人禍等意外，這時才要跟銀行談貸款，往往需要一段時間。**企業必須確保自己在這段困難期間能夠維持正常營運，因此持有足夠的現金絕對是必要的。**

此外，企業經營者千萬不要以為有跟銀行簽籌資額度或是透支額度就可以萬無一失。因為借款的時候，企業必須簽一份借款合約，合約中一定會載明企業如果發生特定事件時，將被視為違反借款條件，銀行可以不予貸款，並要求企業立即償還原先借款。

很多企業在簽訂合約時，根本不會仔細看特定事項的細節與內容，其實這些細節裡面，有不少「銀行得隨時要求償還」的條件，例如必須維持特定流動比率、不得有違反誠信事件發生等等。另外為了確保特定事件發生時，銀行可不必經由訴訟就可要求企業還款，借款時除了借款合約外，銀行都會要求企業簽一張本票。

所以當企業發生檢調搜索、誠信疑慮、被告違反專利的情事，銀行打算要抽銀根，只要把本票拿出來提示，就可以將企業存在該銀行戶頭裡相當於借款金額的款項加以凍結。因此把企業的大部分資金都存放在借款銀行裡，是非常危險的作法。

我曾經有個從事電子流通業的客戶，雖然經營良好，但電子業的特性就是毛利不高，因此必須向銀行大量借款，藉由利潤率

和銀行利率的差異來提升企業的獲利。某年該企業被檢調以大股東涉及股票操弄為由而搜索該企業，搜索當天立刻見報。

在台灣，如果企業經營有困難，只要不到臨界點，銀行大多會想辦法給予支持，然而一旦牽扯上誠信疑慮的時候，尤其是上市公司只要發生檢調搜索事件，銀行為求自保，好一點的就是不續貸，最壞的情況就是抽銀根。於是這個客戶立刻被收縮銀根，又因為放在借款銀行的存款被銀行凍結，財務立刻亮紅燈，所幸另一家電子大廠及時伸出援手將其併購，才順利度過這次的財務危機。

這個案例告訴我們，公司出問題的時候，平時有多少借款額度都沒有用。公司何時會出問題沒人知道，因此平時一定要保有足夠的現金，以因應臨時突發狀況。同時，**建議企業至少要有一半的資金，放在沒有向其借款的銀行中，這才是「相對安全」的做法。**

關鍵數字：2 個月

· 平時宜保有至少 2 個月的現金水位。不要把所有現金都放在有借款的銀行。

· 不能只看現金有多少，還必須細算現金安全水位是否夠穩健。

衡量指標 2：從「應收票據及帳款」週轉天數，判斷對客戶的管理力度

「應收帳款」是指公司把產品銷售出去以後，客戶還未給付的款項，如果收到票據但是仍未到期，則為「應收票據」。應收帳款與應收票據就是客戶還沒有支付的款項，計算的時候應將兩種一起列入計算。

評估應收帳款及票據的目的，在於了解貨款是否積壓太多。積壓太多表示貨款可能收不回來，有發生呆帳的風險。

從應收帳款及票據與銷貨金額的關係可以推算相當於幾天的銷貨金額，又稱「應收帳款週轉天數」，其計算公式為：

$$\frac{期末應收帳款及票據}{全年銷貨金額} \times 365（天）$$

如果使用的財報不是年報，而是季報或是半年報，則公式為：

$$\frac{期末應收帳款及票據}{該季的銷貨金額} \times 當季天數$$

$$\frac{期末應收帳款及票據}{半年度銷貨金額} \times 半年天數，公式依此類推。$$

讀過管理會計學的讀者可能會說，你的公式寫錯了，分子應該是（期末應收＋期初應收）／2，噢！我只能告訴你，我的查帳員查帳時只要被我發現分子用（期初＋期末）／2 的，沒有不被我要求重改的。因為**期初應收票據及帳款的數字對於我們計算應收帳款的收款天數是沒有意義的**，甚至會扭曲相關數字。舉例來說，假設期初數字是 1 元，期末數字是 100 億元，將兩者相加起來除以 2，就會對期末應收帳款天數產生極端的扭曲現象。

以表 3-2 台積電 2022 年財報數字來看，依據以上公式，得出台積電的應收帳款週轉天數為：

$$\frac{2,313\ 億}{22,639\ 億} \times 365\ （天）＝ 37\ （天）$$

這個公式的意思是如果一年 365 天台積電每天的銷貨金額是一樣的，那麼台積電帳上的 2,313 億元應收帳款代表過去 37 天的營業收入金額，也可以代表台積電銷貨 37 天後能收到錢。

37 天到底好不好？相較於同業，台積電同業 2022 年的應收帳款收款天數是 48 天。因此我們可以說，台積電的 37 天是好的。

一般來說，只要不是極端企業或特殊行業，應收帳款合理的週轉天數大約在 2 個月左右，絕對不宜超過 3 個月。特殊行業如

表 3-2　台積電 2022 年應收票據及帳款

台積電 2022 年合併資產負債表（摘要）				
會計項目	2022 年度		2021 年度	
單位：仟元	金額	%	金額	%
應收票據及帳款淨額	229,755,887	5	197,586,109	5
應收關係人款項	1,583,958	-	715,324	-

資料來源：台積電 2022 年報

> 合計 2,313 億／營收 22,639 億
> × 365（天）= 37（天）
> 優於同業的 48 天

統一超，消費者去統一超商買東西都是現金交易，不會有賒帳的情況發生，因此統一超商的應收帳款天數趨近於零。

帳齡超過 3 個月，擔心有呆帳

　　我在演講時，常常有企業主提問，他們賣貨給鴻海及電子五哥等大企業，這些公司的帳款往往超過 3 個月，甚至長達半年才能收回，不可能符合應收帳款不宜超過 3 個月的標準，該怎麼辦？

　　通常一個企業面對不同的客戶會給予不同的授信期間，比如三分之一的客戶你會要求貨到 30 天付款，三分之一的客戶你要求 60 天付款，剩下的三分之一你要求 90 天付款。如果都能順利收款的話，你的應收帳款帳齡剛好 60 天，也就是 2 個月。

如果帳齡是 3 個月的話，表面上雖然只差 1 個月，卻代表大部分客戶授信期間都是 3 個月或是所有客戶的帳齡皆逾齡至少 1 個月，抑或是有少數客戶的授信期間遠超過 3 個月或逾齡非常久，才會讓整個應收帳款的帳齡拖成 3 個月。如果賣給鴻海及電子五哥的貨占比不大，公司的應收帳款帳齡應該不會被拖太長。之所以整個帳齡達 3 個月或超過 3 個月，可能是一般客戶的授信期太長或大量貨款被拖欠了。如果是這樣，就要考慮是否繼續和這種客戶做生意。

　　如果應收帳款的帳齡真的是因為大量銷貨給鴻海及電子五哥所致，建議把鴻海及電子五哥的帳款賣給銀行吧。為什麼要賣掉？主要原因就是，銀行和有經驗的投資者在看一家公司財報的時候，如果看到應收帳款的帳齡超過 3 個月會覺得很奇怪，因為擔心這一家公司收不到錢或做假帳，給你公司的財務評價就會打折，所以我會建議把它賣掉。

　　但要怎麼賣？銀行對於應收帳款的融通業務分成兩種，一種是賣斷業務：比如你把鴻海的應收帳款賣給銀行，合約載明除非你賣給鴻海的貨品有瑕疵，銀行可以要你退款外，即使鴻海倒了，銀行也不能要求你退錢。另一種融通方法是你依然把鴻海的應收帳款賣給銀行，並且合約上載明除了產品有瑕疵你必須退錢外，鴻海萬一倒了，你也必須退錢。

　　第一種方法就是真的把應收帳款賣給銀行了，依會計準則你

可以從帳上把應收帳款除列，如此你就能改善應收帳款的帳齡以及公司的財務結構。第二種方法是以應收帳款為抵押品的一種資金融通方法，依會計準則你不可以把帳上的應收帳款除列，也就無法改善應收帳款的帳齡了。

基本上，如果是鴻海等國際型公司的應收帳款，銀行非常喜歡，很願意直接把它買斷以賺取較高一點的利息。如果不是知名企業的應收帳款，銀行通常不願買斷，甚至連當資金融通抵押品的資格都沒有。所以當公司的應收帳款週轉天期高、銀行又不願買斷或供質押擔保時，除非行業特殊，否則通常暗指這種帳款或客戶的品質不夠好。

畢竟銀行與有經驗的投資者都很聰明，如果應收帳款天數超過 3 個月，銀行會擔心有呆帳，投資人也會認為公司的經營力度

關鍵數字：3 個月

 · 除非是特殊產業，否則應收帳款天數維持在 2 個月左右或以內較佳，不宜超過 3 個月。

 · 除非是特殊產業，應收帳款天數長時間超過 3 個月以上很多時，可能是應收帳款的品質堪慮，期後可能會出現巨額呆帳；另一方面，如果這時媒體上不斷有公司的利多消息，有可能是在做假帳，應謹慎評估。

有問題，這也是為什麼很多上市公司，特別是大量出貨給鴻海及電子五哥的電子流通業者，會將應收帳款賣斷給銀行的原因之一，也是我給管理階層的建議。

如果應收帳款超過 3 個月以上很多，通常暗指這家公司經營階層的經營力度偏弱，有些則讓人懷疑有做假帳的嫌疑（有關此點，詳細內容將在第 6 章說明）。

應收帳款週轉天數，反映管理能力

大概十幾年前，我前往輔導一家準備上市的公司，該公司從事的是記憶體裝置的生產製造。我從財報中發現該公司的應收帳款天數超過 120 天，於是向董事長反映狀況，董事長回答我：「對啊，我要求會計部趕快把錢收回來，但財務部門總是執行不力！」這句話聽起來似是而非，事實上我們都知道，應收帳款應該讓業務去收款，怎麼會是財務部門去收款？

經我向財務部詢問應收帳款過高的問題後，財務部人員向我反映，原來該公司非常優待業務人員，除有固定底薪之外，還有優渥獎金。其獎金的計算方式是：營收的特定百分比＋利潤的特定百分比。這個制度最不合理之處，就是完全沒有計入收款機制，才會發生業務員獎金領得很高興，但貨款卻沒有收回來。

為此，該公司財務報表被我打掉 6,000 多萬的呆帳之後，修

改了獎金制度，將獎金改為收到貨款之後才發。新制度公布後，好幾個業務員相繼離職。為什麼離職？我想這些業務員多少心裡有數，這種收不到錢的生意，我相信每個人都會做。

衡量指標 3：從「存貨」週轉天數，評估銷售、生產、採購、倉儲、研發及會計的管理力度

存貨是指公司庫存的原料、在生產過程中的在製品、已完成製造的製成品，或是買賣業的商品，皆泛稱為「存貨」。

評估存貨的目的，在於了解存貨是否積壓太多。積壓太多表示存貨可能會因為存放太久而損毀，例如食品存放太久就會變質而不宜食用，又或者過時以致價值降低，例如手機的功能越來越強大，過時的手機往往必須降價出售。

我們從存貨與銷貨成本金額的關係，可以推算出期末存貨可供公司賣幾天才能賣完，又稱「存貨週轉天數」，其計算公式為：

$$\frac{期末存貨金額}{全年銷貨成本} \times 365（天）$$

我們也可以改用過去一季的銷貨成本來推估期末存貨可供公司賣幾天才能賣完，公式為：

$$\frac{期末存貨金額}{當季銷貨成本} \times 當季天數$$

我們也可以改用過去半年的銷貨成本來推估期末存貨可供公司賣幾天才能賣完，公式為：

$$\frac{期末存貨金額}{半年度銷貨成本} \times 半年天數，依此類推。$$

讀過管理會計學的讀者可能又會說，你的公式又寫錯了，分子應該是（期末存貨＋期初存貨）／2，噢！我只能再告訴你，我的查帳員查帳時只要被我發現分子用（期初＋期末）／2的，一樣會被我要求重改。

台積電 2022 年的存貨金額（參閱表 3-1）為 2,211 億元，營業成本為 9,155 億元（參閱表 4-1），依據以上公式，我們可以得出台積電 2022 年的存貨週轉天數為：

$$\frac{2,211 億}{9,155 億} \times 365（天）= 88（天）$$

這個公式的意思是，如果一年 365 天，台積電每天賣出的存貨金額是一樣的，而且 2023 年每天賣出去的存貨金額和 2022 年一模一樣，那麼台積電 2022 年底帳上的 2,211 億元存貨，

在 2023 年要耗時 88 天才能賣完。其實以上這種算法得出的 88 天，對買賣業很恰當，但是對製造業，如台積電，是偏低的，但是為了簡化觀念，避免讀者生出更多疑惑，我們就以 88 天來討論。

　　台積電 88 天的存貨週轉天數，相比同業的 74 天，似乎表示台積電的存貨管理比同業弱。但其實台積電超過 6 成營收的晶片都是 28 奈米以下的節點，其生產過程要遠遠長於 28 奈米以上節點的晶片。如果把晶片的製造過程比喻為蓋房子（雖然不太恰當，但勉強能比喻），28 奈米的房子是 12 層樓的鋼筋混凝土建築，蓋完後 1 平方公分大小的房子頂多塞幾億個房間（電晶體），而 3 奈米就有如 100 層的超高摩天大樓一樣複雜，這種級別的晶片通常一層大約需要 0.7 天才能蓋完，蓋完後一棟 1 平方公分大小的建築，大約可以塞進 300 億左右個房間（電晶體）。由於 3 奈米的晶片需要較多時間去構建數量更多的電晶體，台積電的存貨週轉天數絕對會超過只生產 28 奈米以上晶片的同業高很多。因此整體而言，台積電的存貨管理還是優於同業。

　　一般來說，只要不是特殊行業，**存貨週轉天數不宜超過 2 個月。存貨週轉天數超過 2 個月，代表有很多原料、製成品或商品已經擺放在倉庫很久了。**為什麼？

　　我們可以來分析：一個公司採買原材料時，雖然都是大批採購，但除非是國外進口或是特殊原材料，必須一次採買個譬如 3

個月用量，一般的原物料一次買個 1 個月用量就算了不起了。至於製成品最好是依客戶訂單生產，所以製成品存貨理論上不會也不應太多。

一個公司擁有超過 2 個月以上的存貨，可能是一些原本有用的原材料，現在用不著或不能用；一些特定料號的製成品，因為生產過多或因為被取消訂單，只好擺在倉庫裡。有些公司甚至有生產到一半的在製品，因故未完成而擺在現場或倉庫裡等待處理。

特殊行業例如賣鞋、衣服、手錶以及珠寶等行業，這些行業因為品項、規格繁雜，存貨週轉天數較高，例如 Nike 的存貨週轉天數保持在 100 天左右。如果以 Nike 為基準，上述產業存貨週轉天數不宜超過 4 個月，如果超過 6 個月就應注意，超過 9 個月表示存貨管理及調貨機制很不好。

另一方面，如果存貨週轉天數很低呢？這可能是大好，也可能是大壞的結果。首先我們說大好的例子。在中部有家公司叫做台灣引興，主要是從事工具機零件的生產業務，我去拜訪該公司董事長時，他說因為到東海大學 EMBA 上課，在老師的講授與協助下，學會了精實生產（豐田生產方式），讓公司的生產線從 120 公尺縮短到 27 公尺，存貨週轉天數從數個月減少到只有營業額的 0.6%。我根據他的說法推算台灣引興的存貨週轉天數不到 10 天。

> **關鍵數字：2 個月**
>
> **經營者 Notes**
> ・除非是特殊產業，否則存貨週轉天數維持在 1-2 個月間較佳。
>
> **投資人 Notes**
> ・除非是特殊產業，存貨高於 2 個月太多者，可能意謂經營力度有問題。
> ・低於 1 個月者，除非是特殊行業或有令人信服的理由，否則就有做假交易的嫌疑。

但如果不是行業特性，或是像台灣引興成功導入精實生產，存貨週轉天數要降至 30 天以下是非常困難的事。如果一個稍具規模的企業，不是因為行業特性或讓大家信服的理由，例如導入精實生產，而能將存貨週轉天數壓低於 30 天以下，甚至低至十幾天，會讓人懷疑這家公司在虛增銷貨收入及成本、做假帳（有關此點，詳細內容將在第 6 章說明）。

記住，即便是開超商的統一超，其 2022 年的存貨週轉天數都有 35 天（依據個體報表推算），所以存貨週轉天數過低，也是經營異常的徵兆之一，投資人也要謹慎注意。

存貨管理涉及多個部門

通常而言，比起應收帳款，存貨的管理更能看出 CEO 的管理能耐，為什麼？原因是造成存貨過多的原因不一而足，以

2022－2023年台灣外銷產業普遍存貨積壓過多的現象為例，造成個別公司存貨過多的原因常常不是單一部門造成的：

1. 業務部門：

業務部門接單時未與客戶訂立嚴謹的條件，例如沒有不可撤銷以及撤銷必須賠償條款，當客戶突然撤單時，公司就會產生過高的庫存。甚至於歐美大廠與台灣供應商通常是不下訂單的，取而代之的是給供應商一張 1 年份的滾動式預測表（rolling forecast），例如給台廠按月交貨數量的一整年手機產品預測數量表，記住，這只是預測，而特定月份真正確定的訂購量，往往在交貨前 1 個月到 1 個半月前才會確定。所以台灣廠商如果根據預測表去向上游零組件供應商下單，一旦發生 2022－2023 年歐美大廠突然大幅下修預測表的數量情形，應變不及的廠商就會背負龐大庫存。所以當訂單不是訂單，而是預測表時，**公司業務部門必須要時時掌握客戶狀態，並且和生產及採購部門保持良好溝通，以免生產及採購部門應變不及而產生龐大庫存。**例如鴻海和一部分電子五哥，2022－2023 年並沒有因為 forecast 大幅下修而產生龐大庫存損失，原因是他們的內部溝通順暢，並且也用預測表的精神去要求零組件供應商「備料」，而不是「訂料」，從而避免掉庫存損失。

2. 採購部門：

內控健全公司的採購部門，會根據銷貨訂單及庫存狀況，採購內規制訂的原材料或商品數量，讓存貨數量一直保持在健康的水準。但是如果採購部門因為供應商哀求或是收受回扣而採購過多數量呢？如果客戶取消訂單或是下修數量，而採購部門沒被告知，或是採購部門欠缺警覺性而繼續採購原材料呢？2022 - 2023 年製造業最流行的名詞叫做「長短料」，例如整台筆電的原材料都夠，唯獨一顆關鍵的 PMIC（電源管理 IC）買不到，這個 PMIC 就叫「短料」，其他的原材料叫做「長料」。在短料買不到以致無法生產的情況下，採購部門會不會依然不斷購入長料呢？對於短料，為了避免被罵，採購人員會不會以為景氣永遠長紅而多方面下單、超額下單，甚至先預付貨款簽下不平等的高價、巨量且長期的採購合約呢？

3. 生產部門：

傳統上生產部門背負兩個使命，即成本與品質。維持較低成本的最好方式之一就是提高稼動率（產能利用率），例如工廠接到的單子只能維持 70% 的稼動率，可是從生產部門的角度來看，70% 的稼動率會讓部分人工閒置，設備折舊的分攤基數也會降低，兩者均會導致單位成本上揚，為了降低成本，生產部門可能會故意去生產沒有訂單的產品，並且美其名叫「備庫存」，

而這些沒有訂單支撐的庫存就很有可能變成呆滯品。品質方面，如果生產出來的產品品質不佳，生產部門會不會為了掩蓋事實，將其堆放在產線旁，退回原料倉或是半成品倉，甚至丟棄在無人看管之處，造成原料、半成品或是製成品的數量虛增？

4. 研發部門：

2022 年有個 CEO 告訴我，為了及早消化多餘庫存，他讓研發部門想辦法，結果是研發部門發現公司有 11 項使用不同 MCU（單晶片）的產品，都可以轉用一顆庫存太高的 MCU，而且不影響這些產品的品質！他感嘆道：「為什麼當初那 11 項產品會去設計及使用 11 顆不同的 MCU ？」其實我心裡想的是，研發部門不了解生產、存貨及庫存關係很正常，而且「電子業的零組件供應商要取得訂單最好的方法，是從研發部門下手，而不是採購部門」的說法，已經傳聞很久了！

5. 倉儲部門：

一個好的倉儲部門不只要把存貨按品項歸類好，還要能夠**分辨出品項好壞，特別是要能主動通報任何異常現象**，例如存放過久的在製品品項，或堆積如山的「長料」現象。事實上，最好的存貨管理員就是倉儲部門，當然這個前提是倉儲不歸生產部門管轄，並且可以接觸到存貨報表。

6. 會計部門：

當公司庫存過高時，會計部門是 CEO 發現問題的最後機會，因為會計部門可以根據前述存貨週轉天數的公式或是 ERP 系統，及早發現問題，並且向 CEO 報告，或是在公司定期的產銷協調會議上提出警訊。**當會計部門沒有能力發現問題或是應報告而未報告時，代表不是會計系統有問題，就是會計人員的能力不足。**

從以上的說明我們可以知道，造成公司（特別是製造業）存貨過多的問題，常常會牽涉到數個部門。要長期間維持公司的合理庫存，往往有賴於 CEO 自己或派遣勝任者，定期不懈地進行跨部門協調，這種工作通常很辛苦而且容易得罪人，更甚的是這種工作不會有上位者所喜歡的鎂光燈照耀，所以存貨管理基本上是一種「費時費力的髒活」，一個公司的存貨管理往往代表公司的 CEO 願不願意以及有沒有能力把這個「費時費力的髒活」處理好。

衡量指標 4：從「投資」看經營的聚焦力度

在美好的過去，會計將公司的投資大致分為兩項：短期性投資（歸類在流動資產的短期投資科目）與長期性投資（歸類為非流動資產的長期投資科目）。過去，投資科目很好分析，並且可

以據此大致判斷企業投資的目的。不過隨著經濟活動的發展，長、短期投資被細分為很多細科目，現在財報上的分類及附註揭露，卻很難讓投資人一眼看出企業投資的目的。

2018年起，這些科目名稱又被修改過一次。如表3-3，短期性投資科目有：

1. 透過損益按公允價值衡量之金融資產

2. 透過其他綜合損益按公允價值衡量之金融資產

3. 按攤銷後成本衡量之金融資產

4. 其他金融資產（本不應該有此科目，只是部分會計師捨不得停用此科目）

而長期性投資科目有：

1. 在短期性投資會出現的前三種「金融資產」

2. 採用權益法之投資

財報上的這些科目名稱都很長，而且是以會計專業人員的角度來取名的，沒有修過或只修過初級會計的一般投資人，看得懂這些科目的意義嗎？修過一定會計知識的人，能夠據以判斷企業投資的目的及內涵嗎？

我常笑說，這些會計原則修改以及命名的好處就是，修改得

表 3-3　近年出現的新會計科目

台積電 2022 年合併資產負債表（摘要）				
會計項目	2022 年度		2021 年度	
單位：仟元	金額	%	金額	%
流動資產				
現金及約當現金	1,342,814,083	27	1,064,990,192	29
透過損益按公允價值衡量之金融資產	**1,070,398**	-	**159,048**	-
透過其他綜合損益按公允價值衡量之金融資產	**122,998,543**	**2**	**119,519,251**	**3**
按攤銷後成本衡量之金融資產	**94,600,219**	**2**	**3,773,571**	-
避險之金融資產	2,329	-	13,468	-
應收票據及帳款淨額	**229,755,887**	5	197,586,109	5
應收關係人款項	1,583,958	-	715,324	-
其他應收關係人款項	68,975	-	61,531	-
存貨	**221,149,148**	4	193,102,321	5
其他金融資產	**25,964,428**	**1**	**16,630,611**	**1**
其他流動資產	12,888,776	-	10,521,481	-
流動資產合計	**2,052,896,744**	41	1,607,072,907	43
非流動資產				
透過其他綜合損益按公允價值衡量之金融資產	**6,159,200**	-	**5,887,892**	-
按攤銷後成本衡量之金融資產	**35,127,215**	**1**	**1,533,391**	-
採用權益法之投資	**27,641,505**	**1**	**21,963,418**	**1**
不動產、廠房及設備	**2,693,836,970**	54	1,975,118,704	53
使用權資產	41,914,136	1	32,734,537	1
無形資產	25,999,155	1	26,821,697	1
遞延所得稅資產	69,185,842	1	49,153,886	1
存出保證金	4,467,022	-	2,624,854	-
其他非流動資產	7,551,089	-	2,592,169	1
非流動資產合計	**2,911,882,134**	59	2,118,430,548	57
資產總計	4,964,778,878	100	3,725,503,455	100

資料來源：台積電 2022 年報

越複雜，越能彰顯出會計是一門複雜且高深的學問，越能顯示教授與會計師的專業，從而教授們繼續作育英才、會計師們繼續為客戶解除疑惑，並為企業的會計困境提供解決方案。

以上當然是說笑。回到現實面，本書的原則就是簡單易懂，如果要把所有的投資科目詳細說明，並解釋相關會計處理，恐怕我要另寫一本書來介紹。

為了讓讀者更容易的了解企業投資的目的及內涵，我把企業的投資分為「理財性投資」、「策略性投資」以及「策略不明的投資」3 個項目來說明。未來讀者在看財報的時候，可以用這 3 個歸類來了解企業的投資是否聚焦？有無好大喜功或好賭成性的現象？

理財性投資宜趨吉避凶、穩健保本

企業經營的使命是獲利，特別是來自本業的獲利。如果企業的本業無法獲利，而是靠著非本業例如股票、不動產買賣或兌換損益來賺錢，並不值得驕傲。因為**非本業的獲利多不可靠、不長久；今年有，明年不一定賺得到。**

一個追求從本業獲利的企業，如果要運用手頭上的閒置資金來獲利，通常會以「趨吉避凶」的方式，也就是不以投機方式來賺取報酬。**在「趨吉避凶」的理財原則下，最好是購買債券或是**

非常穩健的股票，問題是全世界很少有只漲不跌，或是很牛皮的穩健股票，所以購買短期債券相關標的比較好，畢竟企業理財不宜暴露在太高的風險當中。

依會計原則，企業投資債券性質之證券，其帳列之科目主要為「透過其他綜合損益按公允價值衡量之金融資產」，其次是「按攤銷後成本衡量之金融資產」，最後才是「透過損益按公允價值衡量之金融資產」，可參考表 3-4。

理財性投資不像其他科目如「現金」、「應收帳款」及「存貨」，只要看資產負債表上的數字就可以分析了。對於企業的理財性投資，我們必須要查閱諸項金融資產的附註甚至附表，才能知道他到底投資些什麼，才能判斷企業的理財性投資是否遵守不暴露在重大風險下的原則。

要了解台積電理財性投資的明細，可以查看上述金融資產科目在財報中的附註及附表三（依據證期局規定，企業必須將持有的每一種有價證券，全部揭露在附表三中）。經由附註及附表三（台積電 2022 年的附表三總計有 23 頁），我們了解台積電的「透過損益按公允價值衡量之金融資產」、「透過其他綜合損益按公允價值衡量之金融資產」及「按攤銷後成本衡量之金融資產」3 個科目，大部分的投資標的都是政府債券、政府機構債券及知名銀行、企業的公司債，這些都是理財性投資而且都符合風險性低的紀律性要求。

表 3-4　從台積電投資項目看聚焦能力

台積電 2022 年合併資產負債表（摘要）				
會計項目	2022 年度		2021 年度	
單位：仟元	金額	%	金額	%
流動資產				
現金及約當現金	1,342,814,083	27	1,064,990,192	29
❶ 透過損益按公允價值衡量之金融資產	1,070,398	-	159,048	-
❷ 透過其他綜合損益按公允價值衡量之金融資產	122,998,543	2	119,519,251	3
❸ 按攤銷後成本衡量之金融資產	94,600,219	2	3,773,571	-
避險之金融資產	2,329	-	13,468	-
應收票據及帳款淨額	229,755,887	5	197,586,109	5
應收關係人款項	1,583,958	-	715,324	-
其他應收關係人款項	68,975	-	61,531	-
存貨	221,149,148	4	193,102,321	5
其他金融資產	25,964,428	1	16,630,611	1
其他流動資產	12,888,776	-	10,521,481	-
流動資產合計	2,052,896,744	41	1,607,072,907	43
非流動資產				
透過其他綜合損益按公允價值衡量之金融資產	6,159,200	-	5,887,892	-
按攤銷後成本衡量之金融資產	35,127,215	1	1,533,391	-
❹ 採用權益法之投資	27,641,505	1	21,963,418	1
不動產、廠房及設備	2,693,836,970	54	1,975,118,704	53
使用權資產	41,914,136	1	32,734,537	1
無形資產	25,999,155	1	26,821,697	1
遞延所得稅資產	69,185,842	1	49,153,886	1
存出保證金	4,467,022	-	2,624,854	-
其他非流動資產	7,551,089	-	2,592,169	1
非流動資產合計	2,911,882,134	59	2,118,430,548	57
資產總計	4,964,778,878	100	3,725,503,455	100

①＋②＋③為理財性投資，投資標的主要為國際型企業之公司債及美國政府或機構之債券

④為策略性投資，投資對象為SSMC（39%）、世界先進（28%）、精材（41%）、創意（35%）及相豐（28%），皆與台積電本業相關

資料來源：台積電 2022 年報

策略性投資宜聚焦在與本業相關企業上

一個公司若持有或投資股票，依會計原則規定：

1. 若持有被投資公司股份**不超過 20%**，除非有反證，應帳列「透過損益按公允價值衡量之金融資產」或「透過其他綜合損益按公允價值衡量之金融資產」。

例如台積電投資台灣信越半導體、聯亞科技等多家中外企業，其持有股份並未超過 20%，因此這些投資的目的，究竟是理財還是策略性投資，就很難從財報中看出來。

2. 若持有被投資公司股份**超過 20%**，因投資比率重大，已經讓投資企業對於被投資企業具有一定影響力，所以除非有反證，否則應帳列「採用權益法之投資」。例如台積電已將世界先進及 SSMC（晶圓代工）、創意（IC 設計）、精材及相豐（IC 封裝）等 5 家公司納入權益法之投資，這些投資就很明顯具有策略上的目的。

3. 若持有被投資公司股份**超過 50%**，已經讓投資企業對被投資企業具有主導力，所以除非有反證，否則於個體報表應帳列「採用權益法之投資」，且除非有反證，否則亦應編入合併報表。例如台積電投資約 20 幾家海內外公司，以協助母公司生產（例如南京 12 吋晶圓廠）、工程技術支援（例如 TSMC Canada）、售後服務（例如 TSMC North America）等，甚至還

有從事影像感測元件的采鈺，這些投資的財務數字因為已經列入合併報表，所以合併報表上的「按權益法之投資」這個科目是看不到這 20 幾家公司的。

我們參考表 3-4，一個穩健經營且充分聚焦的公司，其投資超過被投資公司 20% 以上股權的標的，大多與本業有關。例如台積電投資超過 50% 股權而編入合併報表的公司，大多是台積電在技術、生產、研發及售後服務等功能的外圍事業；台積電投資超過 20%、但不超過 50% 的公司，大多是台積電的上游廠商（例如創意）、平行廠商（例如世界先進）、或是下游廠商（例如精材），以確保上游的原料或機器設備來源，或是保障下游封測的品質，抑或是進行策略聯盟，以強化產業競爭力。

從台積電歷年的報表來看，台積電很少大規模去投資本業以外的產業，唯一非本業的重大投資就是茂迪。然而，以經營能力這麼好的台積電，投資茂迪仍以失敗告終，畢竟隔行如隔山，投資本業以外的產業，很容易因不熟悉市場而失敗。

另外如統一超，因為統一超的核心競爭力就是開連鎖店，因此轉投資主要是以流通業為主，例如投資家樂福、星巴克、康是美、聖娜多堡等連鎖店，以及外圍之資訊及配送業務如安源資訊、統一速達、大智通等，大多有不錯的績效。

因此，投資人要了解企業策略性投資是否聚焦，必須了解企

業的核心競爭力和產業上下游的關係，並耐心閱讀企業合併及個體財報的附註，才能了解其投資內容。

策略不明的投資越少越好

策略不明的投資指的是，既不是理財性投資，也不是專注本業的策略性投資，這些投資來源可能是：

1. 前人留下：和一個家庭一樣，一個企業越是久遠，越會有一些前人留下來的拉拉雜雜、瓶瓶罐罐的東西。這些東西會散布在各種科目，尤其是閒置資產、出租資產、投資性不動產及策略不明的投資等。

十多年前我曾經有幸去拜訪過一家成立超過 70 年的企業，這家企業資產豐厚，擁有價值十幾億的台北市最精華地段不動產，但帳列成本極低。至於「瓶瓶罐罐」也很嚇人，包括擁有偏遠地區已經停工數十年的礦場。

2. 投資失敗：企業有時基於多角化經營或追求突破創新而試圖跨業經營，但如果失敗了，往往會留下食之無味、棄之可惜或待處分的投資。例如台積電直到 2018 年第 4 季才將早年投資失敗的茂迪股票完全出清。

3. 共襄盛舉：企業經營有時會因為人情世故而做一些與本業沒有關係的投資。例如報載大陸北京清華大學 EMBA 總裁班 34

位同學共同投資一家餐廳，3 年後這家餐廳因為經營不善而宣告破產。企業因為人情世故而進行非本業投資的案例不勝枚舉。

4. 不當投資：企業若想運用手頭上閒置資金獲取資本利得，可能會從事風險性投資。若企業沒有核心思想或沒有風險意識去從事大額投資，就會相當危險。

例如台鳳原本是一家從事食品、飲料製造，並栽種香蕉、木瓜、鳳梨等農產品外銷日本的企業，卻在 1997 年之後做了一個大轉型，轉型為建設公司。後來發現房子賣不好，接著又想手上土地很多，因此把土地拿去向銀行抵押借款並且專門炒股票，反映在財報上，表 3-5 這張報表即可看出異常。

從報表來看，會發現台鳳這家公司本業是不清楚的。在 1997、1998 年的時候，整體資產大概 307 億元，短期投資 5 億多元都用在炒股票，接著借 48 億元給關係人等去炒股票。

至於長期投資方面也是用 26 億元成立了很多子公司，用來炒股票。買賣股票獲利與台鳳的本業是悖離的，且投資項目大多與本業無關，投資策略完全失焦，很快的，這家公司就在 2000 年宣告倒閉。

5. 轉型失焦：企業若擁有太多資源，經營者可能會利用這些資源去從事多角化經營或投資自己喜歡的產業。多角化經營在 40 多年前曾經蔚為風潮，認為可以讓企業經營更穩健。

表 3-5　台鳳從事非本業之不當投資

台鳳公司 1998 年資產負債表（摘要）				
會計項目	1998 年度		1997 年度	
單位：仟元	金額	%	金額	%
流動資產				
現金及約當現金	38,506	0.13	352,670	1.84
短期投資（減備抵跌價損失 1998 年 132,998 元及 1997 年 14,363 千元）	559,013	1.82	439,680	2.30
應收票據（減備抵壞帳 1998 年 26,550 千元及 1997 年 1,659 千元）	121,575	0.40	148,405	0.77
應收票據－關係人（減備抵壞帳 1998 年 101 千元及 1997 年 57 千元）	33,930	0.11	57,041	0.30
應收帳款（減備抵壞帳 1998 年 151,155 千元及 1997 年 63,977 千元）	149,372	0.49	530,638	2.77
應收帳款－關係人（減備抵壞帳 1998 年 238,116 千元及 1997 年 229,303 千元）	87,854	0.29	28,496	0.15
其他應收款－非關係人（減備抵壞帳 1998 年 17,068 千元及 1997 年 12,000 千元）	686,524	2.24	2,250,270	11.77
其他應收款－關係人（減備抵壞帳 1998 年 15,395 千元及 1997 年 0 千元）	4,198,424	13.67	314,640	1.64
存貨－買賣業	211,005	0.69	273,251	1.43
存貨－製造業	134,611	0.44	173,831	0.91
待售房地	1,344,425	4.38	637,097	3.33
在建房地	9,379,061	30.54	2,390,255	12.50
預付款項	239,415	0.78	165,791	0.87
遞延銷售費用	225,670	0.73	225,459	1.18
受限制銀行存款	302,000	0.98	-	-
已出售待過戶土地	8,346	0.02	8,346	0.04
流動資產合計	17,719,731	57.71	7,995,870	41.80
長期投資				
長期股權投資	2,610,081	8.50	1,547,078	8.09
出租資產淨額	351,459	1.14	354,518	1.85
長期投資合計	2,961,540	9.64	1,901,596	9.94

短期投資主要為上市公司股票，並有質押情形

其他應收款主要係借予關係人，從事股票投資

長期投資多與本業無關

資料來源：公開資訊觀測站

但隨著產業競爭越發激烈，企業大多僅從事單一事業並致力於提高核心競爭力、追求以核心競爭力為主的擴張。例如台達電的核心競爭力就是節能，統一超就是通路資源，台積電就是晶圓代工技術。

要多角化經營最好由大股東成立個別公司，讓每一家公司都能專注本業，例如遠東集團就做得很好；其次是將企業轉型為單純的控股公司，並且讓旗下的子公司都只專注一項事業，例如金控本身僅從事集團內部協調工作，讓旗下的各個子公司專注從事證券、銀行、保險等專業。我從事會計師業務 30 餘年，看到不少經營績效卓著的公司，因為不能專注本業或是轉型失焦而沉淪，殊為可惜。美國奇異（GE）及台灣大同都是案例，細項可參考表 3-6。

表 3-6　大同 2018 年合併報表之上市櫃公司及其主要產品

企業體	主要產品
大同	發電機、電表、配電器、變壓器、馬達、電線電纜、3C 家電、智能電子、3C 門市
華映	中小尺寸面板
福華	背光模組、LED 照明
大世科	電腦軟硬體系統整合
尚志	二極體矽晶圓、藍寶石晶棒
尚化	電裝塗料、電池正極材料
綠能	太陽能矽晶圓

資料來源：作者整理

大同以有限資源從事的業務，包括電機、家電、面板、半導體、太陽能及系統整合等六大產業。資源不但分散得很厲害，更讓人看不出其核心競爭力

評估「投資項目」的關鍵點

 ・理財性投資以穩健保本為原則，策略性投資以本業或與本業相關為原則。

 ・如果一個公司在炒股票，或是非本業投資過高，其經營風險將大幅拉升，應留意。當公司投資特定非本業的事業或公司時，可能代表本業前景不佳或欲多角化經營，基於跨業難度高，此時投資宜謹慎。當企業以小吃大時，不是大利多就是大利空。

6. 其他原因：企業有時會因為莫名原因而投資或取得股票及證券。例如台南幫曾因美國王安倒閉而意外透過安源取得台灣王安經營權；或例如一些發行可轉換公司債的公司，在發行後不久，就會去投資一些特定的海外基金。另外如台積電因為張汝京離開世界先進之後，在中國大陸成立中芯半導體，接著從台積電挖角大量人才，因此台積電在美國狀告中芯半導體，官司獲勝後法院判決中芯必須賠償台積電，台積電因此擁有一批中芯股票。目前台積電帳上還有尚未賣完的中芯股票。

從財報上來看，策略不明的投資可能出現在「透過其他綜合損益按公允價值衡量之金融資產」、「透過損益按公允價值衡量之金融資產」，以及「採用權益法之投資」。

洞悉其投資目的，端賴投資者努力研究標的公司的產業知識並耐心閱讀及分析其財報。在公司治理上，策略不明的投資是最要不得的投資，追求聚焦及卓越的公司，會盡早的處理掉這種與本業無關的投資。

衡量指標 5：從「不動產、廠房及設備」看競爭力

企業要從事營業活動需要有一個、數個、甚至成百上千個營業、辦公處所，以及相應的器材例如電腦、辦公桌椅、運輸工具等，製造業除了以上資產外，還需要有大面積的土地、廠房、生產及研發設備等等，這些資產統稱為「不動產、廠房及設備」。如果這些資產中有些是租來的，這**些租來的財產叫做「使用權資產」**，在研讀財報時，筆者鼓勵讀者不妨將「使用權資產」視為廣義的「不動產、廠房及設備」。在資產負債表中，狹義的「不動產、廠房及設備」合成一個金額，例如台積電這個科目的金額高達 2.7 兆元。但如果我們去看附註，會發現這個科目會被拆成兩個金額，一個是「原始成本」，一個是「累計折舊」。

「原始成本」指的是當初購買這項財產所花的錢。因為廠房與設備會隨著時間逐漸老舊或損毀，價值逐年降低，因此會計上必須提列折舊。例如企業購買一張桌子花了 1 萬元，認為這張桌

子可以使用 5 年，那麼這張桌子每年要提 2,000 元的折舊費用，又因為考量以後能夠看到原始成本的資料，所以創造一個科目叫「累計折舊」，將**「原始成本」減「累計折舊」就是它的淨值（淨額），就是財報上「不動產、廠房及設備」這個科目的金額。**

要知道「原始成本」和「累計折舊」各是多少，可以查閱財報中「不動產、廠房及設備」這個科目的「附註」，附註裡皆有詳細的記載。

如果一項設備已經報廢，依會計原則必須從上述科目中剔除；如果長期沒有在使用，依會計原則必須轉列「閒置資產」科目；如果不動產及廠房出租給他人使用，就會改放到「投資性不動產」這個科目。

發生上列情形的資產都不會在「不動產、廠房及設備」這個科目中出現，因此會出現在這個科目及其附註中的，就表示這些都是公司正在使用的土地、廠房及設備。另有一情形，當企業將設備租予他人使用時，這些出租的設備仍然放在此科目中，但附註中須獨立列示。

表 3-7 是台積電 2022 年財報第 41 頁有關「不動產、廠房及設備」的附註說明。依規定每家上市櫃公司都必須如此揭露。從這張表中我們可以看到，台積電使用中的不動產、廠房及設備的

原始成本高達 6.36 兆元，但已經折舊了 3.67 兆元，所以現在資產負債表上的淨額剩下 2.69 兆元。

我們可以用以下 4 個標準來研究「不動產、廠房及設備」這個科目，從而評估一家公司的競爭力：

標準 1：金額

「不動產、廠房及設備」的金額越巨大，通常表示企業規模越巨大，越有可能形成規模經濟，從而用規模壓死同業。畢竟數大就是美不是嗎？從表 3-7 中我們可以看到台積電 2022 年的「不動產、廠房及設備」金額高達 2.69 兆元，這金額實在是高得嚇死人！筆者懷疑把三星晶圓代工部門、聯電、中芯及力積電 4 家公司的「不動產、廠房及設備」加起來，可能都不及台積電 1 家金額大，難怪台積電 1 家公司的營收比這 4 家晶圓代工部門合起來的營收大，稅後淨利也是這 4 家稅後淨利加起來的好幾倍。同樣情形，統一超帳列的「使用權資產」高達 569 億元，大於全家的 268 億元，統一超在營業額及獲利方面也都高於全家。（表 3-8）

正常情形下，金額大會形成競爭優勢，但並非絕對，所以單憑一個標準還不夠，我們還要從其他方面進一步審視。

表 3-7 從不動產、廠房及設備看台積電的競爭力

台積電 2022 年報附註說明（摘要）		
單位：仟元	2022 年度	2021 年度
自用	2,693,815,688	1,975,113,974
營業租賃出租	21,282	4,730
不動產、廠房及設備	**2,693,836,970**	**1,975,118,704**

自用

成本	土地及土地改良	建築物	機器設備	辦公設備	待驗設備及未完工程	合計
2022 年 1 月 1 日餘額	6,488,230	576,597,777	3,984,749,236	76,154,170	593,155,733	5,237,145,146
增加	816,366	59,443,801	330,782,690	10,325,337	738,523,914	1,139,892,108
處分或報廢	-	(236,765)	(25,846,536)	(1,709,151)	-	(27,792,452)
轉出為營業租賃出租之資產	-	-	(65,779)	-	-	(65,779)
匯率影響數	357,221	1,242,136	6,322,919	257,684	5,162,961	13,342,921
2022 年 12 月 31 日餘額	7,661,817	637,046,949	4,295,942,530	85,028,040	1,336,842,608	**6,362,521,944**
累計折舊及減損						
2022 年 1 月 1 日餘額	499,826	306,165,242	2,903,539,441	51,826,663		3,262,031,172
增加	1,402	35,982,373	380,216,160	9,216,278		425,416,213
處分或報廢	-	(225,637)	(24,706,719)	(1,708,639)		(26,640,995)
轉出為營業租賃出租之資產	-	-	(40,266)	-	-	(40,266)
減損損失	-	-	-	-	790,740	790,740
匯率影響數	54,933	1,016,381	5,872,264	205,814	-	7,149,392
2022 年 12 月 31 日餘額	556,161	342,938,359	3,264,880,880	59,540,116	790,740	**3,668,706,256**
2022 年 12 月 31 日淨額	7,105,656	294,108,590	1,031,061,650	25,487,924	1,336,051,868	**2,693,815,688**

資料來源：台積電 2022 年報

表 3-8　統一超商及全家「使用權資產」金額比較

2022 年（個體報表）	統一超	全家
店面家數	6,000 多家	3,000 多家
使用權資產金額	**569 億**	**268 億**
營業額	1,829 億	859 億
營業利益	61 億	11 億

資料來源：作者整理

標準 2：設備是否夠新

　　通常而言，設備越新，產品的效率與良率會越高，企業的競爭力也因此會越強。例如太陽能長晶設備，近十多年來，長晶設備的長晶效能越來越好，這也就罷了，新的長晶設備還越來越便宜，便宜到新設備購入價格比舊設備扣除折舊後的淨值還低，那舊廠還怎麼玩？在拚不過之下，台灣的太陽能業者幾乎把所有長晶廠關完了，取而代之的是從國外進口太陽能電池板來組裝成太陽能模組。所以**設備新不新很重要，特別是高科技產業，那幾乎就是軍備競賽。**

　　我們可以從台積電 2022 年財報第 41 頁看出，台積電 2022及 2021 年 2 年合計增加了 1.98 兆元的不動產、廠房及設備。這個增添金額也應該超過三星晶圓代工部門、聯電、中芯及力積電 4 家公司 2022 年及 2021 年廠房及設備增添數的合計，也應該大於政府這 2 個年度的經建支出吧！你說台積電在買設備上是不是

砸錢不手軟？

標準 3：錢是否花在刀口上

　　有些公司在上市上櫃集資，拿到錢之後，第一件事就是置辦豪華的辦公大樓、更新辦公設備，再請漂亮的接待小姐坐在很大很漂亮的接待大廳接待訪客櫃檯。這樣做不是不行，而是應該要與公司的產業、規模、文化與形象一致，也就是要有個「度」，否則會淪為浪費並影響公司既有的文化。也有的公司在擴廠或買辦公大樓時，一次性買入很大的面積，多大？通常是一、二十年內保證用不完。曾有家企業在大陸一次性圈了 1,500 畝的地（1平方公里），然後就是廠中有湖，湖中有小島，台幹住在小島上。另一個案例是有家科技公司帳上的土地金額是辦公室（不需廠房）及設備合計數的 4.7 倍。會有這種現象的，通常是負責人具有濃厚的華人傳統思想，也就是強烈的「戀土情結」。有這種情結的人認為從長期而言，持有土地會獲得豐厚的土地漲價利益。但是問題在土地的資本利得未實現前，這樣的支出會影響公司正常的獲利能力（EPS 及 ROE），當土地賣掉時，土地的資本利得屬於營業外收入，對當時公司的股價沒有太大的幫助。當然啦，也有很多公司不管在任何時候，都非常克勤克儉，將錢花在會賺取正常營業利益的資產上。

　　經驗告訴我，**一個越把錢花在刀口上（比如生產設備）的公**

司，**競爭力越強**。比如華碩、廣達、微星等都是非常勤儉的公司，他們沒有將公司搬到市中心，也沒有把太多的資金投注在奢華的辦公室裝潢上。資源越聚焦的公司，往往越優秀。

從表 3-7 來看，台積電 2022 年金額最高的是機器設備，高達 4 兆 3 千億元。其次是建築物 6 千多億元。建築物大部分是晶圓廠房，因為晶圓代工的廠房必須做到無塵或低塵，所以特別貴，晶圓代工的廠房其實也可視為設備；再加上其他未完工程，三者加總超過 98%，顯示台積電的確將錢放在刀口（設備）上。

標準 4：折舊政策

折舊政策是指廠房及設備如何攤提折舊？分幾年來攤？台灣大部分企業都是採用直線法（即平均法）提列折舊，比如按 5 年攤提，每年折舊費用都一樣。至於用幾年攤提就是一門藝術了！比如一項設備原始成本是 3 億元，用 4 年及 6 年攤提的差異在：

1. 兩者每年的折舊費用分別是 7,500 萬元及 5,000 萬元，亦即折舊年限較短的企業，每年的折舊費用較折舊年限長的企業高，因為初期的折舊費用較高，其初期的損益會比較不好看。

2. 但是前者折舊提完了，不再負擔折舊費用，損益表就會比還在攤提折舊的後者好看。

折舊年限較短的企業透過先苦後甘的方法，忍受過前幾年的高成本後，在幾年後會較同業更具成本優勢，亦即折舊年限較短的企業具有較高的競爭力。

　　據悉，台積電機器設備的折舊年限是 5 年，同業機器的折舊政策有 6 年、8 年、10 年及十多年不等。例如格芯（Global Foundry）2021 年將主要設備的折舊年限由 5-8 年改為 10 年。對台積電來講，折舊每長 1 年，稅前淨利就會增加幾百億，我們可以形容，如果同業的利潤是「原汁果汁」，台積電較短的折舊年限所呈現出來的損益，就是「濃縮果汁」。

　　從表 3-9 我們可以看到，屬於資本密集的晶圓代工業，折舊費用占生產成本的比重比一般製造業高，其中台積電的占比高達 47%，普遍高於同業。其原因有二，一是台積電新增設備頗多，新設備要提折舊費用，而同業新增設備較少，老設備很多都已提足折舊，不用再提，二是台積電的折舊年限最短，造成折舊費用

表 3-9　台積電折舊費用占比較同業高

新台幣	台積電	聯電	格芯	力積電
攤折費用	4,285 億	413 億	14.11 億（美金）	65 億
銷貨成本	9,155 億	1,529 億	58.69 億（美金）	405 億
攤折占生產成本比 *	47%	27%	24%	16%

* 這個公式不是很嚴謹，但可大致反映各晶圓代工廠折舊費用占生產成本的比重
資料來源：作者整理

偏高。

　　台積電因為每一個奈米製程都比同業早量產，折舊年限又比同業短，這讓台積電能夠以新節點（例如 3 奈米）成本昂貴（折舊費用高）為由，向客戶收取較高的價格；當折舊提列完畢時，台積電甚至能夠以折舊提足、利潤回饋客戶為由，降價競爭，讓還在苦苦提列新製程節點設備折舊費用的同業利潤大減，甚至無利可圖。台積電領先的製程技術搭配較短的折舊政策，讓他更具競爭力。

　　所以對於**資本支出高的高科技產業、石化、鋼鐵甚至旅館業，折舊政策不僅是衡量企業損益的方法，還是企業競爭策略的一環**。曾經有一家旅館要併購另一家旅館，找我去查帳，我問負責人公司成功的關鍵在哪裡？他笑著說「好的旅館裝修成本是非常高的，我旅館的裝修成本按 10 年攤提，那一家是按 20 年攤提，因為這樣我的折舊費用遠比他們高很多，所以一開始我的獲利沒他們高，股息沒他們高，常常被他們取笑。可是我每 10 年就重新裝修一次，讓旅館看起來永遠很新，而且和以前不一樣，所以客人會不斷回流。反觀取笑我的人，因為錢都拿去配息了，沒有錢重新裝修，而且因為原來的裝修折舊還沒提完，如果重新裝修的話，折舊費用會很恐怖，所以也不敢借錢去重新裝修。不重新裝修新客人不會來，老客人更不會回流，導致他們不但不賺錢還虧損累累，就拜託我吃下他們了！嘿！嘿！嘿！」

> **評估「不動產、廠房及設備」的關鍵點**
>
> 經營者 Notes
> ・企業的資本支出應花在刀口上，折舊政策宜短不宜長。
>
> 投資人 Notes
> ・公司的「不動產、廠房及設備」是否用在刀口上，還是花在還用不上的土地、辦公大樓、出租資產或投資性不動產上面。投資人甚至可以到現場實地觀察。

衡量指標 6：從「其他及閒置資產」看企業文化

以上所提科目之外的資產，如存出保證金、待出售非流動資產、商譽、閒置資產、投資性不動產、遞延所得稅資產等等，這些科目的特徵是大多不能直接為企業帶來正常的營業利益，所以我把他們統稱為「其他資產及閒置資產」。另外有一類的財產是你有，但同業沒有或很少，比如有些公司的其他應收款、預付款項、預付租金等比同業大很多，這些也可以歸類為「其他資產及閒置資產」。

一家追求卓越的企業，其資產要盡量是為了營運獲利之用的。凡是不能達到這個目的的資產，應該越早變現或與負債相抵越好。一張乾淨的資產負債表中，這些不會讓企業賺取本業利益的資產應該越少越好。因此，**「其他資產及閒置資產」越少，總**

資產越少，企業的營運效能（營收／總資產）就越高；總資產越少，需要向銀行借的錢就越少，或是股東權益可以降低，股東關注的 EPS 以及評估經營者能力的 ROE 就越高。

「其他資產及閒置資產」的財產可以分成 3 類：第 1 類是商譽及客戶關係，第 2 類是出租資產、閒置資產及投資性不動產，第 3 類是上述以外的其他資產。

第 1 類：無形資產中的商譽及客戶關係

有些企業基於業務需要購入看不到、摸不著的資產，比如台積電會買一些「專利及專門技術」，統一超必須預付 7-11 的「經銷權」權利金，臻鼎為強化 ERP 系統而導入新資訊系統等等。這些支出所取得的資產，雖然看不到、摸不著，但大多可以為企業帶來商業利益，會計上就將它們歸類為「無形資產」。

這些因為商業需要所取得的無形資產，相對於企業的規模，金額都不會太大。真正會讓企業的無形資產科目大到引人注目地步的，往往是因為併購產生的「商譽」及「客戶關係」（或稱客戶名單）等。

所謂客戶關係、商譽，就是企業在併購其他公司時，所花的錢多過被併購公司可以找到的淨資產價值時，這些超過的錢必須要有個說法，譬如因為被收購公司的客戶群很有名、採購金額

大、很有價值，那麼這個客戶名單就是有價值的無形資產，就可以將超過的部分分攤到客戶關係這個項目。如果經過分攤後仍然還有分攤不掉的部分，也就是當你都找不到理由，也無法舉證的時候，就列為商譽。

例如，如興花了約 100 多億元併購玖地，找遍玖地所有財產的市價減去負債只值 20 億元，經過一番評估後認為玖地的客戶群非常有價值，約 22 億元，剩下約 60 億元找不到去處，就是商譽了。

併購產生商譽是很正常的。假設今天（筆者重新修訂此書時）蘋果想要以 15 兆元台幣買下台積電，但台積電截至 2022 年底的帳面淨值只有約 2 兆 9,460 億元。這差額 12 兆 540 億元到底買到什麼？於是大家一起找台積電帳上低估的資產，假設發現不動產市值多出 540 億；等到有形資產找不到了，就開始找無形資產，比如台積電的生產技術獨步全球，而且還有許多專利，共值 2 兆元。現在剩下 10 兆元不知擺那裡，就可以歸類在客戶關係以及商譽了。

在會計上，客戶關係及商譽都是「比較虛」的資產。它不像設備可以用於生產，不像現金可以立刻使用，也不像股票有市價，且有市場可以賣掉，**唯一能證明商譽及客戶關係存在的只能是，併購企業可以比沒有從事併購的同業會賺錢，或是比併購以前賺進足夠多的錢。**反之，如果不能比沒有這項資產的同業會賺

錢或自己比以前賺足夠多錢，客戶關係和商譽就不存在，必須認列減損損失。

　　客戶關係和商譽主要的不同在於，客戶關係價值必須在假設存在的年限內攤銷，例如如興的客戶關係就按 10 年攤銷，意即每年必須認列 2.2 億元的費用。而商譽是只要企業因併購，預計能產生的利益能夠一直產生，就可以原封不動的放在報表上「萬古長青」。可是一旦併購利益不再存在了，客戶關係和商譽價值常常會被一擼到底。以美國奇異（GE）為例，因為評估其電力事業部門獲利沒有達到預期，因此在 2018 年 11 月打掉將近 230 億美元的商譽。

　　為何說是一擼到底？這和人性有關！因為大股東和每一任的 CEO 都必須努力達成預計的盈餘，以免股價不保或是績效不彰。當公司獲利不佳，還必須再提列商譽損失，那股價豈不就崩盤了！所以只要原有的大股東或 CEO 還在位，就會為商譽不需要提列減損或少提減損而和會計師「奮戰不懈」。反之，當公司因績效不彰被併購，大股東換人做，或是新 CEO 上任，為了重新洗牌，客戶關係和商譽就會列在嚴打之列！例如將商譽打掉以降低每股淨值，以利大股東低價增資，或是讓新任 CEO 上任後可以比之前的損益數字好看。

　　對於銀行與債權人來說，客戶關係和商譽的價值很難衡量，很難用「商譽很高」的訴求把錢借給公司。一個商譽很高的公

司，代表該公司喜歡運用併購來擴張事業，如果併購可以協助企業擴大規模、提升經營效率與獲利，絕對是好事，例如台達電歷年來的併購案就有很好的績效；但如果無法獲利，商譽就有立刻被打掉的問題發生。

對於投資人來說，如果一家公司有金額很大的客戶關係和商譽時，就必須留意它有沒有賺到符合預估值的獲利，如果有就萬事大吉，**如果這家企業連著 2、3 年沒有賺到應有的錢或甚至虧損，就要小心因為提列客戶關係及商譽減損的損失**，一棒打下來就能把股價打成「重傷」甚至「半身不遂」。總之，這兩個會計科目是平時沒事，一有事就會出大事的科目。

第 2 類：投資性不動產及閒置資產

通常一家公司經營越久，越會產生一些拉里拉雜的資產出來，比如原來供生產的辦公大樓、廠房或設備因故不再使用。當不再使用的不動產租給別人時，財報上會改列為「投資性不動產」；但是當不再自用的設備租給別人時，財報上依然放在「不動產、廠房及設備」這個科目，只不過附註中必須獨立列示，不得與正常使用的設備放在一起。如果不動產、廠房或設備沒有租出去或租不掉而閒置的時候，財報上就轉列為「閒置資產」。

大同由於歷史悠久，在歷史的沉澱下，其投資性不動產在2022 年底達 365 億元之多，但觀察每年由投資性不動產所產生

的租金或其他收益相當有限。我還是強調，一家追求卓越的公司，應該努力從本業去賺取利益，並將與本業經營無關的資產經由出售或再利用，將其降到最低，以提高營運效能、EPS 及 ROE。

第 3 類：上述以外的其他資產

　　企業經營時如果財報上有些科目是同業沒有，但你關注的企業有，或是大家都有，但是你所關注企業的金額比別人大很多時，很可能是企業因故必須屈服於特殊的經營環境，導致無法有效率及有效果的運用資源。發現這種情形時，經營者及投資人都必須特別警惕。

　　比如 2018 年底如興財報上的「其他應收帳款」為 10.9 億元，「預付款項」為 14.7 億元，「待出售非流動資產」15.6 億元，金額明顯比同業高很多。另外，同期間大同的「其他應收款」、「預付款項」及「其他非流動資產」金額也比同業高，應盡快降低這類資產的金額。

　　從表 3-10 來看，台積電的「其他資產及閒置資產」只有約 1,200 億元左右，且大部分也都是對企業經營有用的資產，其比率只有總資產的 2% 左右，比大部分公司的比率少很多。

表 3-10 台積電的閒置資產比率極低

台積電 2022 年合併資產負債表（摘要）				
會計項目	2022 年度		2021 年度	
單位：仟元	金額	%	金額	%
流動資產				
現金及約當現金	1,342,814,083	27	1,064,990,192	29
透過損益按公允價值衡量之金融資產	1,070,398	-	159,048	-
透過其他綜合損益按公允價值衡量之金融資產	122,998,543	2	119,519,251	3
按攤銷後成本衡量之金融資產	94,600,219	2	3,773,571	-
避險之金融資產	2,329	-	13,468	-
應收票據及帳款淨額	229,755,887	5	197,586,109	5
應收關係人款項	1,583,958	-	715,324	-
其他應收關係人款項	**68,975**	**-**	**61,531**	**-**
存貨	221,149,148	4	193,102,321	5
其他金融資產	25,964,428	1	16,630,611	1
其他流動資產	**12,888,776**	**-**	**10,521,481**	**-**
流動資產合計	2,052,896,744	41	1,607,072,907	43
非流動資產				
透過其他綜合損益按公允價值衡量之金融資產	6,159,200	-	5,887,892	-
持有至到期日金融資產				
按攤銷後成本衡量之金融資產	35,127,215	1	1,533,391	-
採用權益法之投資	27,641,505	1	21,963,418	1
不動產、廠房及設備	2,693,836,970	54	1,975,118,704	53
無形資產	**25,999,155**	**1**	**26,821,697**	**1**
遞延所得稅資產	**69,185,842**	**1**	**49,153,886**	**1**
存出保證金	**4,467,022**	**-**	**2,624,854**	**-**
其他非流動資產	**7,551,089**	**-**	**2,592,169**	**1**
非流動資產合計	2,911,882,134	59	2,118,430,548	57
資產總計	4,964,778,878	100	3,725,503,455	100

無形資產主要為：
- 商譽 58 億
- 技術權利金 81 億
- 電腦軟體設計費 98 億
- 專利權及其他 231 億

資料來源：台積電 2022 年報

評估「其他及閒置資產」的關鍵點

經營者
Notes

- 符合「其他資產及閒置資產」定義的資產不宜高於 5%（商譽除外）。

投資人
Notes

- 注意符合「其他資產及閒置資產」定義的資產比率（商譽除外）。商譽金額很高的公司勇於透過併購來追求成長，代表大好或大壞。

- 通常禁不起 2 至 3 年的獲利大降或不賺錢，一但發生這樣的事代表商譽可能應該要提列損失或全部打掉了。

衡量指標 7：從短期負債科目看還款壓力

　　一家公司的財務結構如果相當健全，例如表 3-11 的台積電合併資產負債表摘要，其負債比率低、流動比率高時，投資者對負債科目及金額就不需要太在意，甚至可以不用細看。總之少看少傷腦，還可保健視力。

　　但是如果一家公司的負債比率偏高，流動比率偏低時，就必須留意負債的科目及金額了。

　　了解負債的目的，主要看是否有可能出現負債到期無法償還，而導致公司陷入財務危機。了解一家公司的負債，通常可從兩個角度來看，其一是還款壓力，其二是有否有能力支付利息，

只不過近年來利息不高，是否有能力支付利息較不重要，因此我們集中來看是否有還款壓力。

所謂還款壓力，就是還款時間到了，但你卻沒有錢可以償還，以致公司出現跳票或關門危機的壓力。看一家公司的還款壓力時，原則上非流動負債不需太在意，因為非流動負債不是1年內必須償還，不是立即的壓力。真正立即的壓力在「流動負債」。對企業營運來說，還款壓力最大的是公司債，其他科目的還款壓力強度如下：

公司債＞應付票據＞銀行借款＞應付員工＞應付帳款／費用＞其他

短期借款、1 年內到期長期借款及應付票券

財報中的短期借款、1 年內到期長期借款及應付票券，絕大部分都是和銀行及票券公司的往來，為了便於說明，在此我們稱之為銀行借款。

為什麼我們要從還款壓力的中間點「銀行借款」來分析？民間有個笑話，如果欠人家 5 萬元不還，可能會被剁手砍腳；欠人家 100 萬元不還，可能會被殺人棄屍；但是如果欠人家 1 億元不還的話，對方會派人好好保護你，擔心你萬一有個意外，這個 1

表 3-11　台積電的負債比率低

台積電 2022 年合併資產負債表（摘要）				
會計項目	2022 年度		2021 年度	
單位：仟元	金額	%	金額	%
流動負債				
短期借款	-	-	114,921,333	3
透過損益按公允價值衡量之金融負債	116,215	-	681,914	-
避險之金融負債	813	-	9,642	-
應付帳款	54,879,708	1	47,285,603	1
應付關係人款項	1,642,637	-	1,437,186	-
應付薪資及獎金	36,435,509	1	23,802,100	1
應付員工酬勞及董事酬勞	61,748,574	1	36,524,741	1
應付工程及設備款	213,499,613	4	145,742,148	4
應付現金股利	142,617,093	3	142,617,093	4
本期所得稅負債	120,801,814	3	59,647,152	2
一年內到期長期負債	19,313,889	-	4,566,667	-
應付費用及其他流動負債	293,170,952	6	162,267,779	4
流動負債合計	944,226,817	19	739,503,358	20

> 一家企業負債比率低、流動比率高時，投資者對負債科目及金額不需要太在意，甚至可以不用看

億元就不保了。

　　這個笑話對公司也依然成立。一家公司最大的單一負債來源往往是銀行。銀行是一個法人，當你一時無法償還銀行借款時，分行經理基於雙方長久往來的情誼，以及個人績效，不但不會拿你的生命如何，還會想辦法協助你，比如延貸、借新還舊，甚至

上下打點幫忙辦理或重啟聯貸，讓企業得以繼續經營下去，這是其一。

其二，我國《公司法》有一個條文，就是公開發行公司如果經營有困難，可以聲請重整。「重整」用最簡單的話來描述就是，為了要創造債權人、股東與員工三贏，被核准重整的公司所有的債務都可以凍結，並與所有債權人協商償還條件，比如降息、減債（債務打折）、延期償還、以債作股等等，藉此讓公司得以繼續經營下去。企業一聲請重整，銀行的債權通常都是降息、減債、延付一起來，所以銀行通常不希望公司聲請重整。

我把「銀行借款」設為一個中間點，就是取企業經營有問題時，銀行會設法保護你。例外是當公司或其負責人出現誠信危機或是已經爆發財務危機，那麼銀行就不會再提供協助，並且往往會在第一時間直接「提示」當初借款時企業所簽發的本票，要求立即償還，並藉此凍結企業存在該行的存款、拍賣借款時所提供的抵押品。

2018 年末華映聲請重整，京城銀行以此違反借款合約，所有借款立刻到期為由，出售華映借款時所提供的擔保品一大同股票；台銀更狠，也以違反借款合約為由，提示借款時所簽發的本票，讓華映直接跳票，就是明顯的例子。

根據我的執業經驗，除了東隆五金等極少數個案，透過重整而起死回生的企業很少，絕大部分重整的公司都是失敗，甚至於

不知所終。所以聽到一家公司打算聲請重整時，投資人一定要立刻停損出場。

然而，當媒體爆出一家公司聲請重整時，對於投資人來說通常「為時已晚」。建議投資人閱讀財報時，發現一家公司**「負債比率超過 70%，且流動比率低於 100%」時，除非是特殊產業（如金融業、先收後付的通路業以及國營事業等），否則應該「速速遠離」；如果流動負債內還有「應付公司債」時，更是應該「立即閃離」。**

至於流動負債中有無應付公司債，投資人除了查看有無「1年內到期之公司債」的科目之外，還必須查看「1 年內到期之長期借款」附註內容，才能加以確定，因為有些公司會將 1 年內到期之公司債金額放在「1 年內到期之長期借款」這個科目裡。

應付票據

應付票據這個科目在其他國家的財報上很少看到，這個科目充分顯現台灣文化或者國情。舉個例子，假設一個公司的付款條件是月結 60 天，這意思是 1 月份的採購，待到公司 2 月的結帳日（假設是每個月的 15 日）結完 1 月份的帳後，公司就會簽發 60 天（通常是 4 月 15 日）到期的遠期支票給供應商。這就是台灣的企業財報上有應付票據這個科目的由來。

其他國家，特別是歐美國家的企業財報上沒有這個科目，是因為他們不允許有遠期支票的緣故。但我發現近年來隨著銀行轉帳付款盛行，這個科目慢慢的在部分公司財報上看不到了。

應付票據是公司為了日常經營所需而開出的票據。當公司有財務危機的時候，通常公司的做法就是向收到你票子的公司要求換票，透過換票延後 1 至 3 個月付款。通常企業第一次要求換票時，100 張票大概可以收回 95 張，畢竟大部分的債權者多少可以體諒公司財務一時的困難，也看在以後還要繼續做生意的份上同意換票。至於另外那 5 張為什麼收不回來？有可能是對方要是讓你延了，可能你沒跳票但是換他跳票了！你可能會問，還有 5 張支票收不回來，還不是要跳票？噢！公司付不出 100 張支票的錢，但剩下 5 張的錢總該能應付過去吧！如果連 5 張的錢都付不出來，那就活該跳票吧！

但是如果財務危機持續下去，幾個月後第二次又去要求換票，那麼這次可能 100 張票只能收回 70-80 張。因為債權人可能開始擔心換票企業的財務強度，而故意不讓你換票。如果第三次又來了，可能只能收到 50-60 張，這樣跳票的機會就變大了。而且每換一次票，你會發覺越來越多的人跟你做生意時，要求現金交易，或是要求縮短票期。

應付公司債

然而，還有一種票是無法延期的，就是公司債。當公司欲購買機器設備或是投資新事業，需要大量資金的時候，發行公司債是籌募資金的方法之一。

公司債包含兩種，其一是「可轉換公司債」，其二是「一般公司債」。台灣企業所發行的公司債還款期限通常為 3 到 5 年不等，如果還款期限還很長，基本上問題不大，然而一旦公司債的還款期限在 1 年之內，它會列在「1 年內到期之長期借款」或「1 年內到期之應付公司債」科目中。當公司負債比很高，又有 1 年內必須償還的公司債時，問題就來了。

不同於應付票據還有機會換票，公司債沒有換票的可能。因為公司債主要是由承銷券商散發給投資者。除非特殊狀況，公司債的擁有者大多是與發行企業沒有商業往來的人，他既不是你的往來銀行，也不是你的往來廠商，你甚至不知道擁有這些票據的人是誰，公司債的擁有者只要一到期就會提示票據，企業沒有錢立刻就跳票了。

因此，**負債比率偏高、流動比率偏低又有公司債即將到期的公司，是最危險的！**公司的經營者必須及早籌錢因應。對於投資人，面對負債比率偏高、流動比率偏低又有公司債即將到期的公司，我的建議是即時停損，並且有多快就跑多快，有多遠就跑多

遠。

應付員工酬勞

應付員工薪資、獎金及酬勞之所以排在第 4 位，是因為台灣的員工都很「善良」，當公司財務出現狀況，短期內無法支付薪水，員工雖會抱怨，但多少能夠體諒。除非長達 3、4 個月沒有正常發薪，員工實在無法忍受才會群起抗議，如果更久沒發薪可能就會見諸媒體。員工的應付薪資雖然不是立即的危機，然而一旦被外界得知公司長期欠薪，那麼公司的經營危機就會大幅提高。

應付帳款／其他應付款

應付帳款指購買原物料、商品或勞務所發生的債務。台灣企業的付款習慣大多會採「月結幾天或幾個月後付款」。如果在月結日有開遠期支票習慣的企業，會因為開立支票時將應付帳款改列為應付票據，應付帳款金額通常會比較小；採到期日直接透過銀行轉帳付款的企業，其應付帳款的金額就會比較大。

應付帳款的還款壓力遠比應付票據低很多。過去我執業時，基於評估受查者應收帳款可收回性的需要，必須詢問受查者特定客戶應收帳款收款不力的原因，有時就會聽到很可笑的原因。

投資人檢視企業負債的關鍵判斷

- 透過重整而起死回生的企業很少很少,所以當一家公司聲請重整時,投資人一定要立刻停損出場。
- 一家公司負債比率超過 70%,流動比率低於 100% 時,除非是特殊產業,否則應該「速離」。
- 如果流動負債內還有「應付公司債」時,應即「閃離」。
- 至於流動負債中有無應付公司債,投資人除了查看有無「1 年內到期之公司債」科目外,還必須查看「1 年內到期之長期借款」附註,加以確定。

　　例如有一次受查者是做連接線的,受查者的業務經理很生氣的告訴我說,客戶告訴他,該公司所提供的連接線裡的銅材料可能含有磷,導致客戶的音響成品會自燃,他們正在查驗此一瑕疵,如果查到真含有磷,就要採取法律行動索賠 10 億元;所以查驗期間不能給付貨款,但連接線依然必須按時交貨。

　　受查者的業務經理及工廠的廠長向我發誓,公司的產品沒有含磷。我笑說這家遲不付款的客戶有財務問題,不僅說受查者的連接線含磷,還向其他公司說其晶片有瑕疵、喇叭音效有問題等,而且全都是口頭提出不同的鉅額賠償金,最後證明根本沒有這回事,材料一點都沒有問題,但是因為這些「事件」,讓這家

公司順利把付錢的時間往後壓，可憐的當然就是那些既要準時交貨，又拿不到貨款，還要被誣陷出貨貨品有問題的廠商了。

其實只要沒有開出支票，一家想賴帳的公司隨便找個理由，就可以讓法院及債權人忙個 2、3 年，這就是為什麼應付帳款的壓力，比應付票據甚至應付員工薪酬的壓力低的原因。

其他

其他包含應付工程款、合約負債、應付稅捐還有遞延所得稅負債等帳面估計項目。這些項目不是沒有開立支票，就是金額不大，風險自然不大。

具備結構性獲利能力
——從「損益表」判斷產業內競爭力

損益表表達企業「如何賺錢」及「賺多少錢」
本章以 5 大科目,檢視企業是否具備結構性獲利能力
再從 8 個角度分析公司經營是否有再進步的空間

企業存在的主要目的是賺錢，損益表就是表達企業「如何賺錢」以及「賺了多少錢」的報表，如果說損益表是投資人最關切的財務報表也不為過。我們先介紹損益表的基本架構，讓讀者了解企業如何利用損益表顯示其獲利的過程，再以宏觀的角度去解讀損益表如何表達企業產品有沒有競爭力？經營團隊強不強？有沒有在為未來思考？獲利品質好不好？等等事宜。

損益表的基本架構

損益表的重要科目包括❶營業收入、❷營業成本、❸營業毛利。營業毛利之下會有❹營業費用。營業費用又拆成 3 個主要科目，包括❺研究發展費用、❻管理費用、❼行（推）銷費用，以及❽營業淨利。

此外還有與公司本業經營無直接因果關係的❾營業外收支，以及❿稅前淨利、本期所得稅及稅後淨利，還有大部分人搞不懂的 ⓫ 其他綜合損益及 ⓬ 綜合損益總額。以下我們以台積電的合併綜合損益表（表 4-1）分項說明之。

❶ 營業收入

營業收入是指一家公司銷售商品與提供勞務的收入總額。從

表 4-1 來看，台積電 2022 年的營業收入有 2 兆 2,639 億元。

❷ 營業成本

營業成本是指一家公司銷售存貨與提供勞務所負擔的成本，包括直接原料、直接人工、製造費用（如水電費等）。從表 4-1 來看，台積電 2022 年的營業成本有 9,155 億元。

❸ 營業毛利

營業收入減營業成本及與關係企業間之未實現利益叫營業毛利，與關係企業間之未實現利益這個科目在大部分公司都不會出現，即使有，金額也都很小，讀者可以忽略它。從表 4-1 來看，台積電 2022 年的營業毛利是 1 兆 3,484 億元，毛利率達 60%，這是一個很了不起的比率，晶圓代工廠無人可以達到這個比率。

❹ 營業費用

很多人有疑問，為什麼要把營業成本與營業費用分開來看？簡單來說，**營業成本是所銷售貨物的成本，比如便利商店賣出一個便當，營業成本就是生產這個便當的成本；營業費用則包含門市聘僱店員之薪資、店租與水電等費用，以及總公司的會計、人事、IT、總務等後勤部門的費用**。分開計算的目的，主要是為了釐清並有效分析費用發生的來源。

表 4-1　台積電 2022 年合併綜合損益表（摘要）

會計項目	2022 年度		2021 年度	
單位：仟元	金額	%	金額	%
❶營業收入淨額	2,263,891,292	100	1,587,415,037	100
❷營業成本	915,536,486	40	767,877,771	48
❸營業毛利	1,348,354,806	60	819,537,266	52
❹營業費用				
❺研究發展費用	163,262,208	7	124,734,755	8
❻管理費用	53,524,898	2	36,929,588	2
❼行銷費用	9,920,446	1	7,558,591	1
合　　計	226,707,552	10	169,222,934	11
其他營業收益及費損淨額	(368,403)	-	(333,435)	-
❽營業淨利	1,121,278,851	50	649,980,897	41
❾營業外收入及支出				
採用權益法認列之關聯企業損益份額	7,798,359	-	5,603,084	-
利息收入	22,422,209	1	5,708,765	-
其他收入	947,697	-	973,141	-
外幣兌換淨益	4,505,784	-	13,662,655	1
財務成本	(11,749,984)	-	(5,414,218)	-
其他利益及損失淨額	(1,012,198)	-	(7,388,010)	-
合　　計	22,911,867	1	13,145,417	1
❿稅前淨利	1,144,190,718	51	663,126,314	42
所得稅費用	127,290,203	6	66,053,180	4
本年度淨利	1,016,900,515	45	597,073,134	38
⓫其他綜合損益				
不重分類至損益之項目：				
確定福利計畫之再衡量數	(823,060)	-	(242,079)	-
透過其他綜合損益按公允價值衡量之權益工具投資未實現評價損益	(263,749)	-	1,900,797	-
避險工具之損益	-	-	(41,416)	-

採用權益法認列之關聯企業之其他綜合損益份額	154,457	-	(30,194)	
與不重分類之項目相關之所得稅利益（費用）	733,956	-	(85,269)	-
	(198,396)	-	1,985,997	-
後續可能重分類至損益之項目：				
國外營運機構財務報表換算之兌換差額	50,845,614	2	(6,181,830)	(1)
透過其他綜合損益按公允價值衡量之債務工具投資未實現評價損益	(10,102,658)	-	(3,431,791)	-
避險工具之損益	1,329,231	-	131,535	-
採用權益法認列之關聯企業之其他綜合損益份額	550,338	-	(119,997)	-
與可能重分類之項目相關之所得稅利益（費用）	6,036	-	(3,370)	-
	42,628,561	2	(9,605,453)	(1)
本年度其他綜合損益（稅後淨額）	42,430,165	2	(7,619,456)	(1)
⑫**本年度綜合損益總額**	1,059,330,680	47	589,453,678	37
淨利歸屬予				
母公司業主	1,016,530,249	45	596,540,013	38
非控制權益	370,266	-	533,121	-
	1,016,900,515	45	597,073,134	38
綜合損益總額歸屬予				
母公司業主	1,059,124,890	47	588,918,059	37
非控制權益	205,790	-	535,619	-
	1,059,330,680	47	589,453,678	37
每股盈餘				
基本每股盈餘	39.2		23.01	
稀釋每股盈餘	39.2		23.01	

資料來源：台積電 2022 年報

營業費用包括 3 個主要科目：研究發展費用、管理費用、推銷／行銷費用，以及 2 個小科目：其他費用、預期信用減損損失。其他費用出現的機率很小，就算有，金額也很低。

預期信用減損損失的白話文就是企業的呆帳費用，依會計原則，預期信用減損損失可以放在營業費用或營業外收支項下。在正常情形下，金額也不高，所以以下我們就只討論 3 個主要科目。

❺ 研究發展費用

是指公司為了投資未來，投入在新技術、新製程、新專利或新產品的研發支出。從表 4-1 來看，台積電 2022 年的研發費用是 1,633 億元。

❻ 管理費用

管理費用是與生產及銷售無關部門的費用，主要是為了讓公司好好賺錢並應對好周邊附屬工作（如 ESG、法遵）所花費的「內外部溝通以及培養、促進和保護公司有形及無形資產的支出等」，例如董事會、股務、人事、財務、會計、法務、資訊、總務等部門支出。從表 4-1 來看，台積電 2022 年的管理費用是 535 億元。

❼ 推銷／行銷費用

推銷費用是指把產品賣出去所花費的「溝通、服務以及交付貨物或服務」的支出，比如統一超商的推銷費用包括店員薪資、門市租金與水電瓦斯等費用；中華賓士的推銷費用包括各項廣告支出、業務員的薪資、展示室的租金、招待客人的咖啡等等，都屬推銷費用的範疇。從表 4-1 來看，台積電 2022 年的行銷費用是 99 億元。

❽ 營業淨利

「營業毛利」減「營業費用」及「其他營業收益及費損淨額」後之金額叫營業淨利。「其他營業收益及費損淨額」這個科目在大部分公司都不會出現，即使出現了金額也都很小，讀者可以忽略它。**營業淨利代表企業從本業上賺取的金額。**這一點很重要。從表 4-1 來看，台積電 2022 年的營業淨利是 1 兆 1,213 億元。

❾ 營業外收入及支出

營業外收入及支出主要是指從事本業以外活動的收入或支出。台積電的本業是從事晶圓代工業務，從事這項活動所賺取的收入稱為營業收入，相應的支出依性質歸類為營業成本及營業費

用。與本業活動無關的收入與支出，通常會將大額的收入或支出單獨列示，金額太小的項目通常會與其他項目合併列示，台積電的營業外收入及支出包括：

(1) 採權益法認列之損益：會計準則規定若企業持有其他公司超過 20% 股權，原則上必須按權益法認列損益，例如台積電持有 AI 概念股創意 35% 股權，對於創意所賺的錢，不管創意有沒有發股利，台積電均必須按創意獲利的 35% 承認收入。台積電 2022 年採權益法認列之利益有 78 億元。

(2) 利息收入：一般主要是指因持有債券、定存及銀行存款而收到之利息收入。台積電 2022 年各項利息收入高達 224 億元。

(3) 外幣兌換調整數：主要是指企業以外幣計價銷貨、進貨或設備採購時，折合成台幣入帳的匯率與實際收到或支付外匯時的匯率有所不同產生的匯差。

(4) 財務成本：主要是各種借款的利息費用。台積電 2022 年的財務成本達 117 億元。

(5) 其他利益及損失：主要係處分不動產、廠房及設備之損益，或處分投資之損益。

從以上說明可以看出，營業外收入及支出內容很雜，因為這些項目與企業經營本業的「正經活動」無關，加以金額通常不

大，讀者平時可以略而不計，如果金額重大時再閱讀相關附註了解其原因即可。從表 4-1 可看出台積電 2022 年的業外收支淨額是 229 億元。

⑩ 稅前淨利、本期所得稅及稅後淨利

「營業淨利」加減「營業外收支」可得「稅前淨利」。「稅前淨利」減去「本期所得稅」是「稅後淨利」。從表 4-1 可看出台積電 2022 年的稅後淨利是 1 兆 169 億元，是台積電成立以來獲利最高的一年。

在 2022 年全球企業獲利百大排行榜中，台積電是台灣唯一上榜的公司。

⑪ 其他綜合損益及 ⑫ 綜合損益總額

這 2 個科目及內容意義不大，讀者可以不用了解。如果好學不倦的話，可以看本章最後一段的內容。

從 5 大科目看企業是否具備「結構性獲利能力」

張忠謀說企業須具備結構性獲利能力。**企業是否具備結構性獲利能力，簡單說法是企業在長期上可以從其營業活動中賺得令**

股東滿意的報酬。圖 4-1 所列舉的 5 大科目，可用來檢視企業整體或部分業務是否具備結構性獲利能力：

圖 4-1　可反映企業「結構性獲利能力」的 5 大科目

1. 可接受的重複性營業收入

　　營業活動要賺錢，首先必須要有重複不斷的營業收入，而且這個收入不但要夠大，最好還要能不斷成長，成長到宇宙的盡頭。夠大與否要看業別、甚至個別企業的規模。例如合歡山武嶺上一年四季遊客眾多，所以就有攤販在賣關東煮，對小攤販而言，關東煮的生意很簡單，更重要的是收入對其個人而言足夠大，所以賣關東煮對小攤販而言具備結構性獲利能力的第一個標準「可接受的重複性營業收入」。

　　可是如果小攤販要在合歡山上開一家正宗法國餐廳呢？喔！姑不論在合歡山上開餐廳是否合法以及開餐廳的龐大投資，一想

到去合歡山的遊客，應該很少有人會想花 3、4 小時吃一頓價格不菲的法國料理，大概就可以推測去合歡山上開正宗法國餐廳，應該很難達到「可接受的重複性營業收入」這個標準。

回到美味的關東煮，小攤販可以接受在合歡山上賣關東煮來營生，對台灣最大的便利商店連鎖企業統一超而言，在合歡山上單賣關東煮的收入實在太小了，所以對統一超而言，在合歡山上賣關東煮，不具結構性獲利能力的第一個標準。

2. 足夠的毛利水準

企業的營業收入高，不等於可以賺錢，因為賣任何東西都需要成本，例如賣關東煮的攤販必須要先花錢買關東煮食材，或是花錢買原料自己製作關東煮。毛利是「營業收入－營業成本」，它是檢驗營業活動是否具備結構性獲利能力的第二項標準。2022年年初，半導體業生意異常火紅時，多家國內 IC 設計大廠，如聯發科等，紛紛要求台積電、聯電及格芯等晶圓代工廠擴充 28 奈米以上晶片產能。為了讓晶圓代工廠「放心擴充產能」，這些大廠就與聯電等晶圓代工廠簽訂長期不平等契約，這項長約的主要內容有二，首先支付一筆巨額預付款，並以之保證承購擴廠的一定產能；其次承購價格普遍高於晶片缺貨前的代工價格。

為什麼要簽訂事後看來價格明顯偏高的「不平等價格合約」呢？其實關鍵在於資產的折舊費用。通常而言，晶圓代工廠的製

造成本中，占比最高的是折舊費用，以台積電為例，2022 年折舊費用占營業成本約 50%，而 50% 還是因為大部分 7 奈米以上設備的折舊費用大多已提足的緣故。若沒有提足，台積電的折舊費用占製造成本比重可能高達 60%。台灣各晶圓代工廠 28 奈米節點以上設備，在 2022 年之前大多已提足折舊；各廠缺貨前的代工價格，大多也反映折舊攤提大多完畢後對成本的減少。現在要擴廠來生產 28 奈米節點的 IC，新廠製造成本會因需要提列新設備的折舊費用而高很多，為了防止廠蓋完了，IC 設計廠後悔數量或價格，導致新建晶圓廠毛利率偏低甚至虧損，透過長約守住銷售數量及價格以維持合理的毛利率，有其必要性。所以承包新廠產能的合約，一點也沒有不公平。

3. 可承受的營業費用

企業的營業活動是否賺錢，主要是看有沒有足夠的營業淨利，企業的營業淨利是「營業收入－營業成本－營業費用」，因此檢驗營業活動是否具備結構性獲升能力的第三項標準是，營業費用能否控制在營業毛利之下，從而賺得「營業淨利」。

例如便利商店的毛利率通常是 33%±1%。統一超的營業費用比率通常是 30% 左右，全家通常是 32% 左右，這兩家公司的營業費用都比毛利低，讓公司有營業淨利而非營業淨損。但營業費用率的差異也是兩家公司賺錢能力最大的差異所在。相同產業

表 4-2　商模有所差異，毛利率及營業費用率亦不同

2020-2022 年平均數	華碩	宏碁
毛利率	17.4%	11.1%
行銷費用率	5.9%	5.3%
管理費用率	1.7%	1.7%
研發費用率	3.9%	0.9%
營業費用率合計	11.5%	7.9%

資料來源：作者整理

公司如果商業模式不同，因為毛利率不同，其可承受的營業費用率也會不同。

　　以表 4-2 為例，宏碁和華碩都是筆電和桌上型電腦的品牌商，但華碩除了這兩項產品外，還賣伺服器以及毛利更高的板卡，所以華碩較高的毛利率可以撐起較高的營業費用率（主要是研發費用率），其實我們也可以說，華碩較高的營業費用率（研發費用率）讓其有較高的毛利率。總之營業費用率一定要比毛利率低。

4. 可接受的營業淨利

　　企業在長期上可以從其營業活動中賺得的錢，指的就是營業利益，而營業利益指的是企業「**從本業賺得的利潤**」。

　　損益表上營業利益科目以下的營業外收支，正常情況下都是

「和本業無關」的收入或支出，例如台積電 2022 年的利息收支淨額高達 100 億元以上，這項收入是因為台積電錢多，加上財務長會理財所致；今天如果台積電像研華一樣每年的配息率高達 70% 以上，台積電每年的利息收支淨額應該會轉為數百億的利息支出才對。

　　另外，大部分台商因為台幣、人民幣及美金匯率的波動，每年營業外收支上都會出現匯兌損益。由於這種營業收支不具備重複性、穩定性以及業務相關性，在衡量企業經營能力及未來發展時，它們通常不會被列入考量。當然啦，有時候因為會計原則的規定，或是有些會計師不懂什麼是本業的收入，有時候企業部分本業收入會被歸類為營業外收支，例如通路業往往會有些來自供應商常態性補貼，又例如有些工程業常會有工程仲裁收入，這些其實應該歸屬於常態性的收入或「成本或費用減項」。這種特殊情形要嘛金額不大，要嘛產業實在太偏門，我們不予深談。總之，營業利益是衡量企業是否具備「結構性獲利能力」的第四項標準。

5. 營業淨利數必須對得起股東投入的資源

　　營業淨利數必須對得起股東投入資源的白話文是，**必須高於股東要求的投報率**。股東投入公司的資源指的不是股本，而是股本再加上股東額外投入的股金（資本公積）和未分配盈餘，也就

是股東權益。

例如台積電近幾年來的股本維持在 2,593 億元，但是因為台積電歷年所賺的錢大多被扣下來再投資，截至 2021 年底台積電的股東權益高達 2 兆 1,707 億元，用營業淨利／股東權益可以概算出企業正常的稅前投報率。但是新的問題又來了，到底幾 % 的稅前投報率才算是對得起股東投入的資源？這個問題的正確答案是：不同公司、不同國家、不同風險下，有不同的標準。例如以現在台積電的氣勢，新的投資如果沒有 40% 的稅前投報率，就應該是退步了；另一方面，電子五哥如果有 25%，就表示豐收年了！

我們可以根據公司合理經營下相關的推論數據，運用上列 5 項標準去評估一家新公司的業務或舊公司新的投資案，是否可以實現「結構性獲利能力」。如果不能，就表示這個投資案不值得做，或者這個投資案尚處於技術或行銷的開創期，經營者及投資人尚需努力及耐心。

例如表 4-3 所示，發展 Micro LED 技術的錼創（PlayNitride）是典型的新技術開發公司。Micro LED 無論在色彩飽和度、亮度、省電以及產品壽命上都勝過 LCD（液晶顯示器）及 OLED（有機發光二極體），缺點是生產速度、良率以及修補技術的效率還不到位，導致成本高昂。反映在錼創 2022 年報表上就是營收太小以及負毛利。經營錼創這種研發型公司，需要比一般公司

更大的熱忱與執著，只要技術進一步突破，讓收入大幅成長，成本顯著降低，公司的營收及毛利就會明顯改善，成為具備結構性獲利能力的公司，對於投資人而言，投資銤創需要勇氣與耐心。希望銤創能夠早日成功，為台灣的 LCD 產業帶來新的藍海！

再如晶圓代工產業，10 奈米以下的製程節點已經被台積電、三星及 Intel 占據，其中特別是台積電具有技術領先優勢、折舊策略優勢，以及訂價策略優勢，讓想要加入 10 奈米以下節點的其他晶圓代工業者，即使咬牙花大錢去突破技術門檻，龐大的資本支出以及折舊費用，也會讓他們不可能有合理的毛利，所以理性的晶圓代工廠如聯電及格芯等，紛紛表示放棄進入先進節點。

我們再看台灣的餐飲連鎖業，餐飲連鎖業因為經營地點大多在人潮聚集之地，加上需要大量人力，以致營業費用占營收比偏高。有一則統計指出，台灣人最喜歡開咖啡店和巧克力店，但是倒店率最高的也是這兩種店面，特別是未加入連鎖體系的店面。探討倒店的原因當然是名聲不顯，收入上不來，加上幾乎是雷打不動的店租、裝修以及人事成本，最後就被龐大的營業費用打敗。

餐飲連鎖業成功的原因，首先是除了名氣大容易吸引人潮、提高營收，透過集中採購甚至中央廚房以降低成本、提升毛利以外，餐飲連鎖業還能透過專人裝修店面、集中訓練員工、一體化

表 4-3　研發型新創初期較難實現「結構性獲利能力」

錝創及子公司 2023 及 2022 年第 1 季合併綜合損益表（摘要） （僅經核閱，未依審計準則查核）				
會計項目	2023 年 1-3 月		2022 年 1-3 月	
單位：仟元	金額	%	金額	%
營業收入淨額	97,065	100	82,290	100
營業成本	**106,601**	**110**	**105,031**	**128**
營業毛損	**(9,536)**	**(10)**	**(22,741)**	**(28)**
營業費用				
推銷費用	7,016	7	5,047	6
管理費用	29,692	31	29,290	35
研究發展費用	**113,674**	**117**	**114,299**	**139**
營業費用合計	150,382	155	148,636	180
營業淨損	**(159,918)**	**(165)**	**(171,377)**	**(208)**
營業外收入及支出				
利息收入	13,124	14	269	-
其他收入	3,242	3	3,359	4
其他利益及損失	(8,636)	-9	50,502	61
財務成本	(388)	-	(479)	-
	7,342	8	53,651	65
稅前淨損	(152,576)	(157)	(117,726)	(143)
所得稅費用	-	-	-	-
本期淨損	**(152,576)**	**(157)**	**(117,726)**	**(143)**

資料來源：錝創科技 -KY 財報

表 4-4　台灣 4 家餐飲連鎖店的營業費用率比較

2022 年	瓦城	王品	路易莎	八方雲集
營業費用率	45%	47%	50%	15%

註：王品為個體報表。資料來源：作者整理

電子系統來降低管理費用。賣水餃、鍋貼及快餐的八方雲集，甚至以加盟體系為主來降低人事成本，並透過價格回饋給客戶。所以想要加入餐飲連鎖業的企業，一定要把營業費用金額估算清楚，以及有沒有辦法降低營業費用又不損及品牌形象、營收以及經營效率。（表 4-4）

從 8 個角度分析公司經營狀況

除了透過產業知識以及企業的 5 大科目分析企業有沒有「結構性獲利能力」以外，對於已經具有結構性獲利能力的公司，或者獲利能力較低的公司，我們還可以透過以下 8 個角度，來分析及判斷一家公司的經營狀況，是否有再進步的空間。這 8 個角度是：

1. 營收成長性及穩定性，顯示企業競爭力

2. 毛利率穩定性，反映企業對價格或生產成本的掌控力

3. 推銷費用的合理性，表露產品競爭力

4. 管理費用的合理性，呈現企業格局與管理力度

5. 研發費用金額，透露投資未來的承諾與力度

6. 獲利來源，顯示專注本業的程度

7. 稅後淨利及 EPS，是影響股價的主要因素

8. 股東權益報酬率（ROE），比 EPS 更能反映經營能力

此外，為了讓好學不倦的讀者知道會計的「偉大」，我們多加個與解讀結構性獲利能力無關的第 9 項，就是：

9、不必理會其他綜合損益及綜合損益總額

以下分別說明之。

1. 營收成長性及穩定性，顯示企業競爭力

一個好公司，理論上營收要逐年成長，營收成長獲利才會增加。然而產業是有景氣變化的，有時候高有時候低，隨著產業景氣變化，公司的營收理論上也會有起伏，如果景氣好的時候，你好大家也一樣的好時，那就沒什麼好驕傲的，畢竟大風來時連豬也會飛！

那麼，如何判斷公司的競爭力有沒有比對手好呢？如果一家公司**在景氣好時，營收成長比別人高；景氣不好時，營收成長還是比別人高，或是衰退比別人低，那就表示這家公司確實較具有**

競爭力。在比較營收成長時有兩個比較法，一是成長率，另一個是成長金額。此外看公司營收成長時，最好**與同業連續比較3年以上**，從長期來比較營收成長情形會更有意義。

例如從表 4-5 可看到台積電 2020-2022 年連續 3 年的營收成長率有 2 年比同業高，只有 2021 年的營收成長率比同業低，雖然 2021 年台積電的營收成長率略低於同業，可是成長金額方面以 2,481 億元比 362 億元，呈現完全的碾壓，這表示台積電過去 3 年的成長性超過同業，也表示台積電更具競爭力。

我們也從表 4-6 可以看出，華映出事前 3 年的營收成長率，數字顯示當面板景氣不好時，它跌得比別人重，當景氣回升時，它營收成長卻比同業低，這顯示其競爭力比同業低很多。

另外，如何判斷一家公司的穩定性？如果一家公司**不管景氣好不好，營收都不會跌或是跌很少，那麼這就是一家非常穩定的公司**。比如便利超商這個產業的市場已經相當飽和，當 Covid-19 肆虐全台時，如表 4-7 顯示的，統一超營收還是很穩定，這表示統一超在便利商店這個產業裡具有很強的競爭力。

2. 毛利率穩定性，反映企業對價格或生產成本的掌控力

營收減掉成本等於毛利，我們看成本也等於看毛利，看成本率等於看毛利率。

表 4-5　台積電近 3 年的營收成長率多優於同業

年度	2022 年		2021 年		2020 年	
單位：億元	台積電	同業	台積電	同業	台積電	同業
營收金額	22,639	2,787	15,874	2,130	13,393	1,768
營收成長金額	6,765	748	2,481	362	2,693	286
營收成長率	43%	31%	19%	20%	25%	19%

資料來源：作者整理

表 4-6　華映出事前 3 年的營收成長率皆低於同業

	2018 年	2017 年	2016 年
華映成長率	6%	-31%	-16%
同業成長率	15%	-21%	-15%

資料來源：作者整理

表 4-7　統一超疫情期間營收表現仍穩定

	2022 年	2021 年	2020 年
營收（個體報表）	1,829 億	1,680 億	1,681 億

資料來源：作者整理

　　毛利率要穩定，第一種狀況是**公司對於價格有掌握能力**。當公司可以掌握價格時，他可以設定想要的毛利率，根據這個毛利率反推價格，當成本上揚時，他可以調漲價格去彌補成本的上揚，從而維持住毛利率。掌控價格的方式有：

- 透過規模優勢或專利來控制價格。OPEC（石油輸出國

組織）長久以來就是透過石油產量來控制石油價格，統一超及全家也因為規模優勢而維持很穩定的毛利率。

- 掌控價格的另一種方式是因為品牌夠硬，讓它可以不必降價。和泰汽車所販售的 Toyota 及 Lexus 汽車的品牌就夠硬，讓它一直維持著很穩定的毛利率。

- 另一種掌控價格的方式是透過不斷的研發，藉由新產品對客戶的吸引力來穩住價格。台積電就是透過奈米製程的不斷推進來維持整體毛利率。

還有一種是公司透過自律方式，就是**只承接一定毛利率以上的訂單**。台灣有很多傳產製造業是這樣接單的。

維持毛利率的最後一種方法不是藉由掌控價挌，而是藉由不**斷提升良率、效率或是壓低原料成本**去維持毛利率，這種方式我們稱為生產效能的掌控。台灣大多數的電子代工企業都是這樣維持毛利率的，即便鴻海也是這樣。

企業競爭就如運動場上的選手一樣，沒有永遠的冠軍選手，只是有人可以維持比較久的冠軍。在掌控或維持毛利率這場持久戰中，依其持久度順序大致如下：

(1) 具有產量、通路或專利的明顯優勢者

(2) 具有品牌優勢者

(3) 具有技術優勢者

(4) 行業特性或對價格有所堅持的傳產業者

(5) 致力提升生產效能者

以下我們依這 5 大類分別加以介紹：

(1) 具有產量、通路或專利的明顯優勢者

統一超及全家的毛利率大約維持在 33%±1% 左右。統一超及全家之所以能長期守穩毛利率，是因為它在全台分別有超過 7 千家及 3 千多家的門市，每天前往消費的人潮川流不息。讀者想想，你一週走進統一超或全家門市多少次？當便利商店的通路規模具備明顯優勢時，自然能夠設定售價，從而穩守毛利率，像這樣的公司，股價一定高。

如表 4-8，統一超及全家這種公司的毛利率都很穩定，但是如果哪天毛利率突然大跌，例如跌到 31% 以下，喔！這通常表示出大事了！例如全聯搶進便利商店通路有成，或是無人便利商

表 4-8　具規模優勢的大通路商毛利率都很穩定

年度	2022 年	2021 年	2020 年	2019 年	2018 年
統一超毛利率	33%	34%	33%	34%	34%
全家毛利率	33%	33%	33%	33%	33%

資料來源：作者整理

店大興起，這時經營者一定要了解問題所在，甚至從事變革，而投資人則要小心股價可能大跌。

(2) 具有品牌優勢者

很多開車族都知道，牛頭牌（Toyota）和 Lexus 車子最大的優點就是妥善率幾乎無人可及，缺點也很明顯，就是要換車時因為車子沒有什麼毛病，依然還很好開，以致捨不得換。另外同樣是 E class 的車，Lexus 的車硬是比 Benz 便宜將近 100 萬，這讓很多想要騷包，但又不想當冤大頭的人改買 Lexus。因為牛頭牌和 Lexus 在台很受歡迎，Toyota 和 Lexus 長期以來占有台灣汽車約 3 成的市場。其實我也是 Toyota 及 Lexus 的喜好者，迄今已經買過 9 部他們的車，不知道和泰為何始終沒有表揚我？和泰汽車是 Toyota 及 Lexus 的總代理商，如表 4-9 和泰汽車的毛利率也非常的穩定，甚至逐年上揚。

以品牌優勢勝出的企業必須要不斷的維護品牌價值，其毛利率一樣禁不起跌，只要毛利率跌了，或毛利率不跌但推銷費用率大漲，就表示品牌掉漆或是新產品失利，經營者一定要了解問題所在，甚至從事變革，而投資人則要小心股價可能大跌。

品牌價值不只有 B2C 產業有，B2B 產業也會因長期技術領先或品質穩定，而享有品牌優勢，例如表 4-10，台達電長期致力於研發，並且極注重環保，讓它享有技術和品質的雙重優勢，

表 4-9 和泰汽車近 3 年毛利率穩定提升

年度	2022 年	2021 年	2020 年
和泰車毛利率	10%	9.2%	8.9%

資料來源：作者整理

> 享有品牌優勢的企業，毛利率會很穩定，但禁不起跌

表 4-10 台達電近 3 年毛利率相當穩定

年度	2022 年	2021 年	2020 年
台達電毛利率	29%	29%	31%

資料來源：作者整理

> 具有品牌優勢之 B2B 產業，毛利率會相當穩定，如果毛利率明顯下降。就表示品牌掉漆了

讓過去 3 年的毛利率相當高而且穩定。

(3) 具有技術優勢者

台積電近年來晶圓代工技術領先全球，不但先進製程領先、專利數量領先，其生產效率與產品良率也是業界的表率。表 4-11 中我們可以看到，台積電的毛利率近 3 年都維持在 50% 以上的水準，台積電甚至宣稱未來的長期毛利率要維持在 53% 以上的水準。

觀察台積電近年來毛利率下滑的時點有兩個，一是新節點導入時，例如 2021 年台積電營收明明成長 19%，毛利率卻下滑 1%，其原因在 2021 年是 5 奈米量產年，台積電每次新節點的導入都會伴隨較低的生產效率與產品良率，以及龐大新設備開始提

表 4-11　台積電毛利率可能因導入新節點而波動

年度	2022 年	2021 年	2020 年
台積電毛利率	60%	52%	53%

資料來源：作者整理

> 新節點導入，往往伴隨較低的生產效率與產品良率，還要提列龐大的新設備折舊費用

列折舊費用。記住：台積電新節點的折舊費用估計應該占新節點生產成本的 60% 以上。

台積電毛利率下滑的第二個時點大多是營收不成長、甚至下滑時，展望台積電 2023 年營收下滑加上 3 奈米正式量產，其毛利率應該也會較 2022 年的 60% 下滑不少。

(4) 行業特性或對價格有所堅持的傳產業者

一個行業越久就會有越多潛規則，甚至形成所謂的行規。以汽車零件業為例，汽車業是一個相當封閉的產業，要打進去當原廠供應商，例如 Toyota、Ford 的供應商，非常非常的難。可是一旦打進去了，就會成為這個汽車集團的一份子，以後除非技術上做不出來，否則幾乎可以永遠的承接這家汽車公司的零件訂單。被車廠承認而成為車廠零件供應商的業者，行話叫做 OEM（代工生產）業者。

OEM 業者的接單方式很穩健，毛利率也會在默契中得以維

持。缺點就是除了供應車廠組裝新車之用，以及賣給車廠指定維修廠供其維修汽車外，OEM 業者是不可以把車廠專用零件賣給該汽車體系以外的汽車維修業者的。以致其營收要看車廠新車賣得好不好，如果賣得好，營業額增加外，也會讓固定成本分攤基數變大，讓生產成本降低，毛利率從而得以改善。反之，營收及毛利率會較低。但是因為有保障機制，毛利率依然有撐，不容易發生虧損情形。

對於打不進車廠的汽車零件業者，也無法把零件賣給車廠指定的維修體系（例如 Toyota 在台的和泰汽車及 8 大經銷商），為了生存，他們會模仿車廠零件，並把這些零件賣給汽車維修業者，例如滿街都是的各式各樣汽車修理廠。專門生產及販賣模仿零件給非原廠指定維修廠的汽車零件廠，則被稱為 AM（Aftermarket，售後維修）業者。

通常而言，OEM 業者的生意較穩定，毛利率也較低，又因為客戶只有一家或少數幾家車廠，其行銷及管理費用率也較低。AM 業者因為要全球到處跑去推銷產品，其行銷和管理費用率

表 4-12　OEM 與 AM 業者的毛利率差異頗大

年度	2022 年	2021 年	2019 年
大億（OEM 為主）毛利率	12%	13%	14%
帝寶（AM 為主）毛利率	30%	28%	24%

專做售後維修生意的毛利率較高，但推銷費用同樣較高

資料來源：作者整理

普遍較 OEM 業者高，所以其毛利率通常會較 OEM 業者高。表 4-12 是主要做原廠生意的大億，和以做 AM 生意為主的帝寶過去 3 年的毛利率。

從表中我們會發現，Covid-19 期間，OEM 業者的毛利率普遍衰退，而 AM 業者毛利率普遍上揚。造成這個現象的原因是，疫情期間新車因長短料問題，如缺少特定晶片，而製造不出足夠的新車，另一方面，因為新車不易買到，造成中古車被迫延長使用，超過一定年限的中古車為了節省維修成本，通常會到非原廠指定的維修廠進行保養或維修。因為這個原因，讓原本有各自較穩定毛利率區間的業者，一個毛利率逐漸下降，另一個則逐漸上升。

(5) 致力提升生產效能者

台灣大部分電子業者的毛利率往往起伏較大，其原因主要在於我方沒有價格掌控力。當你不是市場主宰者，而是「被宰」的人，就只能屈服於對方的價格。就像台灣蘋果供應體系每年都要被蘋果砍價，再怎麼不願意，沒有市場話語權，也只能含淚配合對方砍價的要求。

一個沒有價格話語權的公司，只能藉由不斷提升良率、效率、規模或是壓低原料成本去維持毛利率。這種方式我們稱為生產效能的掌控或加強。

致力提升生產效能的業者，毛利率會發生重大變化的原因，**一是被砍價**，當價格被砍得太厲害，一時又找不到因應方案時，毛利率就會下跌。**二是導入新產品**，例如台積電每次導入新製程節點，如 3 奈米，剛開始的時候，新製程節點的生產效率以及良率都會不如成熟節點，再加上新製程節點龐大新設備開始提列折舊費用的影響，毛利率都會下滑，然後再逐漸上升。**三是訂單不足**，訂單不足造成產能閒置，當然會影響毛利率，印刷電路板廠嘉聯益曾因為蘋果的訂單不足，而在 2019 年初裁撤蘋果也投下重金的觀音廠人員，就是要自救甚至逼迫蘋果出面解決。**四是供應鏈不順**，2021-2022 年因為 Covid-19 導致全球供應鏈普遍斷鏈，讓很多製造廠商因為原材料供應不順，或多或少都發生長短料現象，最後在 2022-2023 年因為必須打掉多餘長料庫存，而影響及這 2 年的毛利率。**五是關鍵性零組件價格上漲**，例如銅價每幾年就會有大波動，當銅價巨幅波動時，製造馬達、電源供應器、連接線及端子的廠商，毛利率就會有巨大的波動。

以生產效能來維持毛利率往往非常的困難而且痛苦，強大如 2022 年全球排名第 20 大企業的鴻海也很難堅持住。鴻海 2017 年以前的毛利率大多能力守 7%，但從 2017 年起，7% 的毛利率就正式失守。表 4-13 是鴻海近 5 年的毛利率。

讀者不要小看鴻海 1% 毛利率的差距，它代表的是超過 600 億元的稅前淨利差異。對於以生產效能來維持毛利率的企業，當

表 4-13　鴻海近 5 年毛利率

年度	2022 年	2021 年	2020 年	2019 年	2018 年
鴻海毛利率	6.0%	6.0%	5.7%	5.9%	6.3%

資料來源：作者整理

> 2017 年起毛利率失守 7%，鴻海的 1 個百分點，代表的是超過 600 億元的稅前淨利差異

其毛利率下滑時，我們必須去了解這種下滑是短期現象，還是會擴及中長期。以上面的例子來分析，晶片導入新節點是短期現象（1 年內），特定原材料短料及銅價起伏是中期現象（2 至 3 年），因為美中爭奪霸權以及地緣政治的考量，導致台商被迫由中國及台灣遷廠到東南亞、墨西哥、印度，則可能是長期現象。短、中、長事件對於公司管理、損益以及股價的影響當然不同。

因此，當毛利率出現顯著變動時，應了解變動的是短期、中期，還是長期現象，是否有解決之道以及對股價的影響。

3. 推銷費用的合理性，表露產品競爭力

推銷費用是指一家公司出售產品或勞務的過程所花費的各項溝通、服務及運送支出。很多人分不清楚如何區分推銷費用與營業成本。以下舉例說明：

(1) 去瓦城吃泰式料理，點一盤空心菜，廚師薪水以及因為炒這盤空心菜所耗用的柴（瓦斯）、米、油、鹽、醬、醋以及辣椒都是營業成本（產品成本），從食物端出廚房窗檯開始，端盤

子的服務生及結帳人員的薪資、餐桌的折舊費用、用餐區冷氣以及租金，都是推銷費用。瓦城 2022 年推銷費用是營業收入的 35%。

(2) 到 7-11 買一根香蕉，這根香蕉原始的採購價格就是統一超的營業成本。7-11 裡喊歡迎光臨的店員、冷氣、店租都是推銷費用。統一超因為店面面積比瓦城小、每個店面的服務人員比瓦城少，統一超 2022 年的推銷費用是營業收入的 28%。

(3) 如果你是蘋果的採購人員，向台積電訂製 IC。台積電沒有店面，只能和台積電總公司或其美國子公司業務人員聯絡。訂購時你不會像買香蕉一樣只買一顆 IC，而可能是一次訂購 5,000 萬顆 IC。當然啦，這麼重要的客戶到台積電時，台積電不會像統一超店員一樣，只喊一聲「歡迎光臨」就了事，台積電為了要服務好客戶，所聘請的業務員也是學有專精、懂外文的名校碩士，另外、交貨時 IC 也要「坐飛機」；雖然如此，台積電的行銷費用占營收比只有不到 1%。

由以上 3 個例子我們可以得知，**B2C 產業的推銷費用一定比較高**，但行業不同，推銷費用占營收比也不同。通常，奢侈品的推銷費用最大，因為企業必須購買大量廣告，店面必須租在最豪華地段，裝潢也必須金碧輝煌，其租金、廣告費與人事成本極高。不過，即便是統一超這類「平民化」的零售店面，推銷費用也高達 28%。

B2B 產業不需要太多廣告、人事與店租，相對數量較少的業務人員薪資、交際費以及貨物運輸費用是主要的支出，所以其行銷費用占營收比通常較低。像是台積電和鴻海的推銷費用占營收比都是在 1% 以下。

那麼，一家公司的推銷費用多少才是合理的？越是需要大量促銷的商品，其推銷費用越高，投資人判斷這家公司的推銷費用是否過高，還是要跟同業進行比較。**如果推銷費用占營收比，比同業還低，通常暗示其產品賣相比較好，或是產品品質穩定，企業不須花費太多力氣去促銷。**

從表 4-14 可以看到，台積電 2022 年的推銷費用是 99 億元，僅占營收的 0.44%，比率遠低於同業的 1.93%。這個數據顯示出台積電產品的市場力度相當強。

推銷費用最忌諱的就是「推銷費用成長率」高於「營業收入成長率」，因為這暗示著，要不就是產品賣不動，必須花很多錢去強力促銷；要不就暗示產品有瑕疵，必須花大把金錢去收拾善後。我記得數年前，大陸有間公司叫長城汽車，原本是生產小貨車，後來又做了休旅車，新款休旅車上市的時候，銷售非常好，營收一直上來，所以股價一直漲，然而次年財務報表出來的時候，股價卻大跌，為什麼營收成長、獲利也成長，股價反而下跌？

表 4-14　營收成長率高於推銷費用成長率，顯示產品競爭力強

	台積電			同業		
項目	2022 年	2021 年	2020 年	2022 年	2021 年	2020 年
營收	22,639 億	15,874 億	13,393 億	2,787 億	2,130 億	1,768 億
營收成長率	43%	19%	25%	31%	20%	19%
推銷費用	99 億	76 億	71 億	42	47	42
推銷費用／營收	0.44%	0.48%	0.53%	1.93%	2.2%	2.38%
推銷費用成長率	30%	7%	13%	-11%	11.9%	10.53%

資料來源：作者整理

　　據報導，因為長城汽車在香港上市，外資一看它的報表，發現推銷費用成長太高，間接表示新款休旅車的銷售量是靠投入大額的促銷活動所創造出來的，而認為這樣的成長無法永續，因此股價應聲下跌。

　　從表 4-14 可以看到台積電 2022 年營收比 2021 年增加 6,765 億元，成長比率為 43%，但推銷費用只成長 23 億元，成長比率為 30%，這個數據也再次印證出台積電產品的市場力度相當強。表中也可以看出台積電同業在 2020-2022 年期間也有不錯的表現。

　　一般而言，新產品上市初期，為了推動買氣，會推出大量廣告，但是**新產品的售價一定比較高，且因為新鮮期銷售狀況會比較好，所以推銷費用占營收比不應提高，或即使短期間上升了，也應很快就下降。**

有的產業不需要做太多的研發，比如奢侈品廠商通常不需要投入太多研發費用，因此研發費用不高，甚至沒有研發費用。但另一方面，它必須花費大量的廣告費用去做產品形象廣告，告訴消費者他們只取一條牛特殊部位的皮去製作皮包，在高檔百貨公司一樓設立專櫃，然後專櫃上擺放少少的幾款皮包，讓你覺得很高級、買了會很有面子。奢侈品還包括汽車、珠寶、化妝品等。我們在分析這類企業時，必須觀察其推銷費用是否有異常減少，特別是該公司營收下滑時。

這是因為奢侈品主要在販賣形象、夢想以及高人一等的表象，這些感覺需要透過廣告不斷且重複的堆砌及強化。**奢侈品行業的廣告支出就如同製造業的研發支出一樣，省不得。**

所以，如果哪天這種類型公司的業績不好，推銷費用又大幅減少，投資人就要小心了，因為這表示它為了要保持獲利，而大幅刪減推銷費用，這無疑是殺雞取卵的行為，就如同製造業因營收不佳而大砍研發費用的道理是一樣的。

反之，**推銷費用如果顯著增加，而營收不增甚至反減，這暗示產品的市場接受度有問題，管理者及投資者都得留意。**

4. 管理費用的合理性，呈現企業格局與管理力度

管理費用是指與生產及銷售活動沒有直接關係的部門或活動

的支出，這些部門或活動包含董事會、總經理室、財務、會計、稽核、電腦、人事、法務、保全等部門的費用，以及會計師、律師、股務代理等法令遵循或訴訟費用等。

管理費用的特質之一就是很多的支出是公司單方可以決定的。例如電腦系統要導入 SAP、Oracle 還是鼎新系統？公司要有幾部公務車？公務車要選用 Benz 還是 Toyota？律師要找大牌還是小咖？這些選擇代表不一樣的費用水準。

管理費用的**第二種特質是公司管得好與不好會讓很多有形及無形的開支差很多。**例如人事部門管得好可減少許多冗員，公司法遵做得好可以保護公司資產甚至大幅降低訴訟成本，選用好的電腦系統並且全員配合及適應新系統，不只可以降低管理費用，甚至還能降低生產成本並促進業績成長，公司 ESG 做得好可以維護及提升公司形象，會計部門做得好可以即早擬訂價格策略、防止庫存堆積，甚至呆帳損失等。

打造這樣的管理部門有賴於經營者的格局，以及對管理部門的定位、看法與嚴格的要求。例如規劃良好的部門職能定位與要求、合理的部門預算、讓優秀人才能接受的薪酬制度、較佳的 ERP、更高的要求與尊重。這樣的格局與定位，是讓管理部門達成上述要求所必需的，也是台灣很多以消極觀念看待管理部門的公司所缺乏的。

所以管理費用到底要多少？是否具合理性？會反映出公司的格局及管理力度。

管理費用講合理性，不表示不追求降低管理費用，只是這是一個「度」的議題。**要評估企業管理費用的合理性，最好的方式是根據企業願景來規劃、並編製預算。次佳方法是和規模相當的同業相比較，或是和企業過去年度的管理費用比較，以確定管理費用沒有不合理的大幅增加或減少。**記住：沒有合理解釋的巨額增加或減少，往往暗藏值得深思的議題。

從表 4-15 我們可以看出台積電的管理費用一直保持在 2% 的水準，比同業低 1% 至 1.6%。另一方面，台積電 2022 年營業額成長了 43%，管理費用卻較 2022 年增加約 97 億元，增加幅度為 49%。台積電 3 年來的管理費用雖然依然維持在 2% 多，但占營收比重日漸上升，是因為費用失控？獎金增加？還是赴海外設廠以致內外部溝通成本增加？有待進一步了解。

我執業的生涯裡常發現，很多在中國大陸設廠公司的管理費用卻是偏高的。曾有一家營業額近千億元的上市公司董事長很憂心的問我：「張會計師，為什麼我公司的利潤比陸企還低，你能不能告訴我原因？」因為他發覺大陸競爭對手產品的售價比他的售價低很多，而且還可以生存甚至利潤比較高，讓他覺得非常不可思議，因此找我討論，希望能求得解方。

表 4-15　台積電管理費用成長率，連 3 年高於營收成長率

項目	台積電			同業		
	2022 年	2021 年	2020 年	2022 年	2021 年	2020 年
營收	22,639 億	15,874 億	13,393 億	2,787 億	2,130 億	1,768 億
營收成長率	43%	19%	25%	31%	20%	19%
管理費用	535 億	360 億	285 億	97	80	67
管理費用／營收	2.36%	2.27%	2.13%	3.48%	3.76%	3.79%
管理費用成長率	49%	26%	31%	21%	19%	24%

資料來源：作者整理

　　經我分析與了解後告訴他，最大的原因就是「輸」在管理費用。這家台商的管理費用高達 5% 多，但是同業只有 3%，而陸企的管理費用率甚至更低，等於完全輸在起跑點。為什麼這家公司的管理費用和生產成本居高不下呢？有 3 個因素。

(1) 設廠因素

　　過去大陸各地方政府為了鼓勵台商去設廠，提供了許多優惠補助，台商常會禁不住誘惑將廠設在優惠最高的地方，這位董事長也是如此。他在大陸許多省分都有設廠，然而每設一個廠，就會產生許多額外的管理費用甚至生產成本。如果時光能夠倒流，他把所有工廠都集中在 2 到 3 個地方，管理費用就能大幅降低。現在工廠散布在太多地方，以致管理成本過高。

(2) 制度因素

我說：「你有沒有發覺一件事，公司小的時候，設備是你決定的，設廠地點也是你決定的，大宗採購甚至人事也是你決定的。然而現在因為散布得太廣了，這些都是你的主管在決定了，現在這些採購的費用有沒有比同業貴？如果比同業貴，原因在什麼地方？你可以思考一下。」

我就是在暗示他，採購可能會有回扣，購買設備可能也會有回扣，各項大宗採購或人事可能有浮濫情形。當你的設備比別人貴、原料比別人貴，管理費用又比別人高出許多，怎麼可能拚得過競爭對手呢？**在授權下放的同時，如果沒有好的內控機制，意味著成本就會比別人貴了。**

(3) 本土優勢因素

我告訴他，40 幾年前的台灣幾乎沒有電子業，台灣的電子業是從美商通用電子來台設廠開始的，隨後越來越多的美商及日商紛紛來台設廠，再後來就是這些美日廠商裡的台灣人跑出來設廠，並且逐漸壯大到迫使在台灣的美商與日商關門、賣給台灣人或者搬到其他國家。為什麼台灣本土企業可以打敗在台外商？

因為美商到台灣來設廠，它的作業標準必須要符合美國的高標準，日商必須要符合日本的高標準，但是台商只須符合台灣本

地的標準就好。為了符合這些標準，這些外商還要從本土派幹部來台監管，為了讓他們安心在台工作，高薪之外還要配豪宅、配汽車及司機、還要補助其子女上美僑或日僑學校，但這些成本台商幾乎都沒有。

此外，在自家的土地上做生意，台灣人消息一定比外資靈通，在台灣要如何拿到補助？到哪裡設廠比較便宜？台灣人在本地一定會比外商清楚，在決策上的彈性也比外商高，自然整體經營成本就比外商低。

綜合以上 3 項因素，我的這位客戶不只管理費用比陸企高，生產成本當然也比陸企高。我說：「現在相對於大陸企業來說，你就相當於 20、30 年前，美商跟日商在台灣的地位一樣，經營成本自然比大陸本地的企業要高。」尤其兩岸文化有差異，不是會講普通話就叫做能溝通，其實只有當地人才最了解當地法令，當地人比台幹更清楚中國的優惠，了解與當地官員溝通的「眉角」，也更了解環保、五險一金（編按：中國指養老、醫療、工傷、失業、生育保險，及住房公積金）的底線在哪裡。

於是我建議他，應該要提高研發支出以增強技術障礙，多聘僱當地「優秀員工」，並且先投資強化各地管理部門體質以及內外部溝通，另外應該適度整合現有的工廠以降低管理與生產成本。但是他擔心關掉特定地區的工廠會沒面子，因為大陸當地政府官員對他非常禮遇。對此，我也只能委婉的告訴他，企業經營

的本質在獲利，沒有獲利是沒有意義的。

近年來由於中美爭奪霸權以及地緣政治因素，台灣企業被迫撤出全部或部分大陸工廠，甚至完全在台生產的企業也因為China+1（編按：指將業務分散到中國以及台灣以外國家的策略）的要求，必須跟著已在中國設廠的企業到東南亞、印度或是墨西哥設廠。在中國設廠有語言、文化、稅負、政治保護／籠絡、人力素質、效率以及產業鏈完整的優勢，這些優勢都不是海外其他地點可以提供的。所以台灣企業必須加強各管理部門的投資，才能克服赴中國以外地點設廠的諸多挑戰。

5. 研發費用金額，透露投資未來的承諾與力度

張忠謀曾說，研發費用是挹注未來獲利，也是未來能夠持續領先對手的必要投資。研發費用過低，會影響未來成長與利潤；然而研發費用過高，將降低企業現階段的獲利，會對不起現在的股東；因此研發費用太低不好，太高也不行，**研發費用最好與營收呈現一個比率關係。**

所以除非科技變化或企業商業模式改變，必須改變企業研發費用投入比，研發費用與（企業預算上的）營收呈現較穩定的比率關係，最能表現出企業投資未來的長期承諾與力度。我們發現 Alphabet（Google 母公司）2020-2022 年研發費用從 276 億美元成長到 395 億美元，研發費用占營收的比率在 12.3% 到 15.1%

之間；蘋果電腦同樣 3 年間研發費用從 187 億美元成長到 263 億美元，研發費用占營收的比率在 6% 到 6.8%。

台積電的研發費用多年來一直都占營收的 8% 左右，2020-2022 年研發費用從台幣 1,095 億元成長到 1,633 億，研發費用占營收比率在 7.2% 到 8.2% 之間。之所以有 7.2% 這個偏低的數值，主要是 2022 年半導體景氣太好，導致營收超過年度預算太多，而稀釋了研發費用占營收的比率。值得注意的是，台積電 2022 年營收成長了 6,765 億元，推銷費用只增加 24 億元，管理費用增加 169 億元，然而研發費用增加達 386 億元，亦即整個營業費用的增加，大部分在研發費用上，顯示台積電對於投資未來毫不手軟。

持續不斷的投入研發費用，對資本密集及技術密集的產業很重要。我們可以按下列 2 個指標來分析企業的研發費用是否適當：

(1) 研發金額是否不低於規模相當之同業

宏碁及華碩是台灣主打自有品牌的電腦大廠，兩者都是台灣的驕傲。雖然都是以電腦銷售為主，但華碩分拆代工事業給和碩，以及宏碁分拆代工事業給緯創之時，因為經營理念的不同，兩者在研發方面有很大的差異。華碩因為強調研發自主，所以分家時堅持保留了相當大一部分的研發資源在華碩；另一方面，

表 4-16　華碩較宏碁投入更多研發費用

項目	華碩			宏碁		
	2022 年	2021 年	2020 年	2022 年	2021 年	2020 年
營收	5,372 億	5,352 億	4,128 億	2,754 億	3,190 億	2,771 億
研發費用	206 億	201 億	169 億	24 億	26 億	24 億
ROE	6.6%	20.5%	14%	7.7%	17.6%	10.2%
EPS	19.62 元	59.21 元	35.35 元	1.65 元	3.60 元	1.99 元

資料來源：作者整理

宏碁的商業模式比較像美國 HP 等電腦公司，用 ODM（設計代工）方式向代工廠下單，因此也將大部分研發工作甩給 ODM 廠去做。

從表 4-16 來看，華碩因為堅持研發自主，研發費用較宏碁高很多，其營收金額及營收成長率在多年前超越宏碁後就一路領先，ROE 也一直領先。但 2022 年及 2023 年上半年，華碩因為存貨控制不佳，導致 ROE 落在宏碁之後。至於 EPS 通常沒有辦法用來評斷兩家公司間的經營績效，其原因請詳本章第 7 及 8 項有關 EPS 及 ROE 的意義及用法。

(2) 研發支出是否持續增加或未減少

持續不斷的投入研發費用，對資本密集及技術密集的產業很重要，所以研發費用不宜因為景氣不好或企業自身業績衰退而刪

減支出。

　　從表 4-17 我們可以發現，面對景氣下滑、業績不振的國際大廠，除了英特爾實在撐不住以外，其他國際大廠不但沒有減少研發費用的投入，反而都有將近 10% 以上的成長，這似乎也和這幾家公司近年來的聲譽及績效成正相關。

　　再如表 4-18，數年前倒閉的生產 DRAM 大廠茂德在業務不好時，大砍研發費用，以致高階產品無法順利產出，在惡性循環下，最終宣告倒閉，就是一個負面案例。

　　研發支出對資本及技術密集的產業很重要，但並非每一個產業都需要投入高額的研發費用，例如零售、通路、衣飾、鞋襪等

表 4-17　國際大廠普遍加碼投入研發

	台積電	英特爾	蘋果	高通 （Qualcom）
2022 年	台幣 1,633 億元	81.89 億美元	226.08 億美元	66.83 億美元
2021 年	台幣 1,247 億元	87.62 億美元	194.90 億美元	60.16 億美元

資料來源：作者整理

表 4-18　茂德下市前 3 年，狂砍研發費用

項目	2010 年	2009 年	2008 年
研發費用	12 億元	16 億元	31 億元
營業收入	228 億元	101 億元	308 億元

資料來源：作者整理

產業就不需要。推銷費用中的產品廣告支出、社會形象支出及通路點的擴張費用，相當於這些產業的研發支出。

6. 獲利來源，顯示專注本業的程度

「營業收入－營業成本－營業費用 ± 其他收益及費損淨額」之後可以得出企業的「營業淨利」。「營業淨利 ± 營業外收入及支出」後可以得出「稅前淨利」。了解一家企業**「稅前淨利」是否主要來自「營業淨利」，可以判斷該公司本業是否具競爭力或公司經營是否專注本業。**至於「其他收益及費損淨額」這個科目的金額通常都極小或不存在，讀者可以不理它或將其視為「營業外收入及支出」的一部分。

一個本業賺錢的企業，在損益表上一定會透過「收入－成本－費用」而反映在「營業淨利」這個科目上。如果獲利不是來自於本業，比如這個年度業績不好，就把一些股份或是土地賣掉，讓帳面變得好看。透過處分股票或不動產的獲利，今年有股票或不動產土地能賣，明年還有得賣嗎？如果沒有了，明年要怎麼辦呢？所以**獲利來源靠業外收入是不能長久的。**

由表 4-19 我們可以看出台積電 2022 年來自本業的營業淨利是 1 兆 1,213 億元，業外賺了 229 億元左右，主要來自於利息收入與 5 家權益法轉投資所承認的投資收益，再減因為舉借長短期公司債為主而發生的利息支出而得。由於台積電的業外收入只占

表 4-19　台積電 2022 年合併綜合損益表（摘要）

會計項目	2022 年度		2021 年度	
單位：仟元	金額	%	金額	%
營業收入淨額	2,263,891,292	100	1,587,415,037	100
營業成本	915,536,486	40	767,877,771	48
營業毛利	1,348,354,806	60	819,537,266	52
營業費用				
研究發展費用	163,262,208	7	124,734,755	8
管理費用	53,524,898	2	36,929,588	2
行銷費用	9,920,446	1	7,558,591	1
營業費用合計	226,707,552	10	169,222,934	11
其他營業收益及費損淨額	(368,403)	-	(333,435)	-
營業淨利	**1,121,278,851**	**50**	**649,980,897**	**41**
營業外收入及支出				
採用權益法認列之關聯企業損益份額	7,798,359	-	5,603,084	-
利息收入	22,422,209	1	5,708,765	-
其他收入	947,697	-	973,141	-
外幣兌換淨益	4,505,784	-	13,662,655	1
財務成本	(11,749,984)	-	(5,414,218)	-
其他利益及損失淨額	(1,012,198)	-	(7,388,010)	-
營業外收入及支出合計	**22,911,867**	**1**	**13,145,417**	**1**
稅前淨利	**1,144,190,718**	**51**	**663,126,314**	**42**
所得稅費用	127,290,203	6	66,053,180	4
本年度淨利	1,016,900,515	45	597,073,134	38

資料來源：台積電 2022 年報

稅前淨利的 2%，亦即台積電本業的獲利占稅前淨利的 98%，所以台積電的獲利絕大部分都來自於本業，這表示台積電 2022 年的獲利品質非常好，是很好的現象。事實上台積電歷年來絕大部

分的獲利都是來自於本業／營業淨利，誠屬可貴。

由於業外收支有不穩定或不可重複的特性，即便有一時性的重大業外收入，對股價通常不會有太大幫助，甚至會有反效果！以統一超為例，統一超在 2017 年因為被迫賣掉大陸星巴克股權，而額外大賺 100 多億元，當交易揭露時，統一超股價因為痛失大陸星巴克這未來的金雞母而一度大跌 9.5%。

所以當公司有一時性的重大業外收入時，不用高興；有重大業外支出時，則應該檢討並思考是否可以避免未來再度發生的可能。

7. 稅後淨利及 EPS，是影響股價的主要因素

現在財報中的損益表內容非常複雜，以致很多人看不懂。但是每股獲利能力（EPS）這個觀念大家都懂，也就是公司每一股稅後賺了多少錢。之所以看不懂損益表，是因為會計原則改採 IFRS（國際財務報告準則）之前，「稅後淨利」是損益表的最後一項，有了「稅後淨利」後，拿它和股數相除，就可以得出損益表最後顯示的 EPS 數字，或是得出很接近 EPS 的數字。

總之，以前大家都知道「稅後淨利」在哪裡，在改採 IFRS 後「稅後淨利」還是在那裡，只是這個科目項下多了個「其他綜合損益」項目，而且這個項目還分出很多細科目，對於這些細項

的內容，公司管理階層和投資人大多不知道這些是啥？「本期淨利」加上或減掉絕大部分時期都是垃圾科目的「其他綜合損益」後，最後終於會出現一個科目叫「本期綜合損益總額」，損益表才終於表達完成。

我只能說，對投資人來說，除非是看金融業的損益表，否則看損益表只需看到科目編號 8200「稅後淨利」即可。這是因為 IFRS 下的 EPS 依然根據 8200「稅後淨利」這個科目來計算。至於「其他綜合損益」及「綜合損益總額」這兩個科目與計算「正常的 EPS」無關，我們在第 9 點再介紹。

此外，還有一點要提醒讀者的是，「稅後淨利」不必然全是投資標的公司的獲利數。

我們以華映為例，編入華映 2016 年合併損益表中有一家華映僅占 25% 股權的大陸上市公司（簡化起見我們稱為大陸華映），這家公司 75% 股權據說屬於大陸福建省政府及大陸股民的，大陸華映 75% 的獲利數不屬於台灣華映所擁有，所以華映損益表中 8600 這個項次就應運而生。

如表 4-20，華映 2016 年的損益表中，8200「本期淨損」只有 895,168（仟元），但 8610「母公司業主」的淨損卻達 1,776,479（仟元），幾乎是「本期淨損」的 2 倍。所以若企業合併報表中包含了非 100% 控股的子公司，真正的稅後淨利是「母

表 4-20　從華映合併損益表看淨損來源

科目代碼	會計項目	2016 年度 金額	%	2015 年度 金額	%
	華映 2016 年合併損益表（摘要）				
	負債及權益	2016 年度		2015 年度	
4110	銷貨收入	33,284,473	101	38,247,545	102
4170	減：銷貨退回	(4,999)	-	(60,542)	-
1490	減：銷貨折讓	(209,829)	(1)	(892,461)	(2)
4100	銷貨收入淨額	33,069,645	100	37,294,542	100
5110	銷貨成本	(27,860,267)	(84)	(38,689,506)	(104)
5900	營業毛利（毛損）	5,209,378	16	(1,394,964)	(4)
6000	營業費用				
6100	推銷費用	(577,733)	(2)	(657,193)	(2)
6200	管理費用	(3,079,706)	(9)	(2,289,234)	(6)
6300	研究發展費用	(2,954,915)	(9)	(3,719,344)	(10)
	營業費用合計	(6,612,354)	(20)	(6,665,771)	(18)
6900	營業損失	(1,402,976)	(4)	(8,060,735)	(22)
7000	營業外收入及支出				
7010	其他收入	2,458,723	8	1,905,664	5
7020	其他利益及損失	2,369,831	7	1,533,580	4
7050	財務成本	(3,225,872)	(10)	(3,236,635)	(8)
7060	採用權益法認列之關聯企業及合資損益之份額	37,584	-	(12,449)	-
	營業外收入及支出合計	1,640,266	5	190,160	1
7900	稅前淨利（淨損）	237,290	1	(7,870,575)	(21)
7950	所得稅費用	(1,098,810)	(3)	(986,438)	(3)
8000	繼續營業單位本期淨損	(861,520)	(2)	(8,857,013)	(24)
8100	停業單位損益	(33,648)	-	416,518	1
8200	**本期淨損**	**(895,168)**	**(2)**	**(8,440,495)**	**(23)**
8300	其他綜合損益				
	本期其他綜合損益（稅後淨額）	(3,211,131)	(10)	(866,279)	(2)
8500	本期綜合損益總額	(4,106,299)	(12)	(9,306,774)	(25)

8600	淨利（淨損）歸屬於：		
8610	母公司業主	(1,776,479)	(8,761,984)
8620	非控制權益	881,311	321,489
	本期淨額	(895,168)	(8,440,495)
8700	綜合損益淨額歸屬於：		
8710	母公司業主	(3,081,143)	(9,587,120)
8720	非控制權益	(1,025,156)	280,346
	本期綜合損益淨額	(4,106,299)	(9,306,774)

資料來源：公開資訊觀測站，作者整理

「稅後淨利」不必然全是投資標的公司的獲利數。「母公司業主」的淨損幾乎是「本期淨損」的 2 倍，投資人不可不慎

公司業主」，EPS 是以此科目除以股數而得。**當投資人看到「本期淨利／損」與「母公司業主」淨利／損有很大差異時，一定要回頭去看個體報表，了解差異的原因為何。**

EPS 很重要。之所以重要是因為大部分上市櫃公司（特別是電子業）的合理股價，往往根據行業的 PE Ratio（Price ／ Earnings，每股市價／每股盈餘），也就是本益比來推算。例如元大投顧 2023.7.18 的研究報告就以 AI 伺服器大爆發，預估生產伺服器導軌的川湖 2024 年營收及 EPS 均將大幅成長，遂以 25 倍的 PE Ratio 推算川湖的目標價至 1,277 元。其他如國泰在同期間也以其預估的 EPS 並以 27 倍的 PE Ratio 推估川湖的目標價為 1,120 元。EPS 是推估股價的主要依據，「稅後淨利」是推算 EPS 的分子，「綜合損益總額」和推算股價的 EPS 無關。所以

除非標的公司是金融業，企業經營者和投資者都只會在意「稅後淨利」及 EPS，而忽略「其他綜合損益」及「綜合損益總額」這兩個科目。

8. ROE 比 EPS 更能反映經營能力

EPS 很重要，因為 **EPS 是衡量公司股價非常重要的依據**，所以投資人都會時時注意標的公司的 EPS，並且對 EPS 高的公司及其負責人投以崇敬的眼神，什麼股王、股后云云。為了避免被罵，上市櫃公司經營者也會小心維護 EPS，並以 EPS 高於同業而沾沾自喜。**但其實有一個非常非常重要的觀念是，EPS 並不能用來衡量或者無法精確衡量企業真正的獲利能力！**真的嗎？真的！

十幾年前起，政府開始鼓勵經營有成的台商回台上市或上櫃，當時的輔導券商或是會計師常常會問準備回台掛牌的公司「希望每股要用多高的價格掛牌」？記得當時很多被問到的台商往往會驚慌的回答「我們是守法的公司，絕不會為了高價掛牌而去做假帳推升 EPS」云云，然後輔導券商或是會計師就會耐心的解釋，如何透過股份重組，達到令人崇拜的高股價來掛牌，讓業主衣錦還鄉走路有颱風！

怎麼做？假設要回台掛牌的 A 公司每年獲利 2 億元，帳上的股本是 20 億元，此外帳上沒有保留盈餘。為了回台掛牌，A

公司的股東通常會在海外稅率低的地方如 KY，設立控股公司如 KY-A，並繳交 20 億元股款給 KY-A 公司，讓其買下 A 公司，再以 KY-A 公司名義回台掛牌。收到 20 億元股款的 KY-A 公司如果股本還是設定為 20 億元，每股 10 元的話，其發行的股份總數會是 2 億股，由此得出每股 EPS 為 1 元（2 億元獲利／2 億股）。假設該公司所屬產業的本益比是 20 倍，其每股合理股價會是 20 元（1 元 ×20 倍），總市值會是 40 億元（20 元 ×2 億股）。但是如果我們只把繳給 KY-A 公司 20 億元股款中的 2 億元當做股本，其餘的 18 億元當做溢價增資款，換句話說就是股東以一股 100 元的價格入股 KY-A 公司，如此股本就只會有 2 億元，每股依然是 10 元，其發行的股份總數會是 2,000 萬股，溢價繳納的 18 億元股款則帳列資本公積。因為股本只有 2 億，每股的 EPS 會暴增至 10 元（2 億元獲利／2,000 萬股），依 20 倍本益比來算，每股股價會上漲至 200 元（10 元 ×20 倍）。股價 200 元還是 20 元的公司會比較受人重視與尊敬？當然是 200 元啊！可是 200 元的市價是以股本及股數減少為代價，因此其總市值依然只有 40 億元（200 元 ×2,000 萬股）。這叫不換公司，但是換形象啊！

EPS 的計算公式是：

$$EPS = \frac{稅後淨利}{股數}$$

以上的公式告訴我們，EPS 的高低除了取決於分子的稅後淨利外，也取決於分母的發行股數，從而告訴你**高 EPS 的公司，可能是因為股本小的緣故，而不一定真的是高獲利公司。**

除了以溢價入股方式形成小股本來提高 EPS 外，更多的台灣高 EPS 公司是因為保留部分盈餘再投資，在日積月累後也逐漸形成小股本現象。

以台積電 2022 年為例，台積電當年度稅後淨利是 1 兆 169 億元，股本是 2,593 億元（259.3 億股），換算下來 EPS 達 39.2 元。看起來很會賺，對不對？

但是台積電 2021 年的股東權益達 2 兆 1,707 億元，2022 年的股東權益達 2 兆 9,605 億元。為什麼這麼高？因為台積電 2021 年底手上有高達 1 兆 9 千多億元的保留盈餘及資本公積未分配給股東，2022 年底手上有高達 2 兆 7 千多億元的保留盈餘及資本公積未分配給股東。如果我們用股東權益平均值來算的話，整個 2022 年台積電的經營團隊是用股東 2 兆 5,656 億元（［2 兆 1,707 億＋2 兆 9,605 億］／2）的錢在做生意，而不是區區的 2,593 億元的股本在做生意。所以**台積電整個 2022 年真正意義上的股本是 2 兆 5,656 億元。**

要看高 EPS 公司是不是高獲利公司，可以用股東權益報酬率（ROE, Return On Equity）來衡量，ROE 的計算公式是：

表 4-21　從 ROE 角度看企業的經營能力

2022 年	台積電	聯發科	大立光	統一超
EPS	39.2 元	74.59 元	169.52 元	8.93 元
ROE	39.6% 或 3.96 元	27.1% 或 2.71 元	15.2% 或 1.52 元	26.3% 或 2.63 元

資料來源：作者整理

$$ROE = \frac{稅後淨利}{股東權益}$$

為什麼 ROE 要用稅後淨利除以股東權益？因為**股東權益代表的是，股東到底出了多少錢讓經營團隊去從事偉大的賺錢事業。**

所以台積電 2022 年的 ROE 是

$$\frac{1 \text{ 兆 } 169 \text{ 億（稅後淨利）}}{2 \text{ 兆 } 5,656 \text{ 億（股東權益）}} = 39.6\%$$

39.6% 的意思也可以說，如果我們把未分配的保留盈餘及資本公積都轉成股本的話，台積電的 EPS 只有 3.96 元。但是不要小看 39.6%，因為 39.6% 其實已經是一個非常高的數字，台灣絕大部分公司的 ROE 都沒有這麼高！

如表 4-21 我們會發現，每家公司「真正的 EPS」都較「名義的 EPS」大幅縮水。縮水最嚴重的是大立光，原因是大立光的

股本只有 13.3 億，但平均股東權益高達 1,484 億元，這其中大部分是保留盈餘，而這些保留盈餘的大部分又以現金方式保留在公司，未善加利用或發還給股東，以致 ROE 因而下降。

9. 不必理會其他綜合損益及綜合損益總額

從前有一個獵人很會捕魚，還很會抓熊。他的方法是在秋天的時候趁著魚肥時努力去捕魚，等到冬天熊在冬眠時趁熊不備再一舉把熊擒獲。這樣他就能取得魚和熊掌，可謂魚與熊掌兼得。

可是收購他獵物的買家告訴他，冬眠以後所取得的熊掌不夠好吃，希望能在秋天時就能吃到魚和熊掌。於是他就在整個秋天一下子捕魚一下子捉熊。雖然魚與熊都捕到了，但兩者數量都大幅減少。這個獵人雖然展現了可以一次抓到魚與熊的能力，卻因為供貨不足得不到買家的讚賞，同時買家也感到秋天的熊掌不比冬天的好吃。

魚與熊掌指的就是：會計人員要同時將企業「資產負債表」與「損益表」清楚表達給報表閱讀者，所面臨的困境。

資產負債表就像某時點游泳池裡的水量，損益表就像水龍頭（收入）和洩水口（成本與費用）晝夜不停的流入與流出游泳池的水。

要同時算出某時點的水量（例如 2022 年底）以及某時段到

底流入及流出多少水（例如 2022 年整年），有三種方法。

第一個方法是把 A、B 兩個時點的游泳池水量精確計算出來，例如要算出 A 時點游泳池的水量，我們只要把水龍頭關起來，洩水口也塞起來，就能夠完美且精確的算出 A 時點游泳池的水量，B 時點也是如此做。然後，再把這兩個時點之間的水量相減，就可以得出這段時間水量的增減數。

但此方法有三個缺點，一是為了衡量游泳池水量把水龍頭關起來、把洩水口塞起來，是不切實際的（因為企業經營不可能真正停下來）；二是無法計算出水的流入數（收入數）與流出數（成本與費用），三是游泳池水位也會因為泳客、日照、下雨及溫度等因素讓水量出現變化，但這個方法並未考量這些因素的影響。

第二種方法是用測量儀器把水龍頭及洩水口的水流量加以測定，從而得出這段時間水的流出及流入量，再大略計算這段期間泳客及下雨情形，推論出特定時點的游泳池水量。此方法的缺點是日照、溫度等因素沒有列入考量，推論而得的水量可能和游泳池的真正水量有差距。

為正確衡量游泳池的水量、以及流出入情形，第三種方法出現了。在這種方法下，測量人員加裝雷射測量儀以測量特定時點的水位，又加裝日照偵測儀偵測這段期間日光造成水揮發的影

響，再加裝溫度計以測定溫度對水的膨脹或縮減，從而得以同時知道水位及水位變動的原因。

會計在導入 IFRS 之前，就是用上述的第二種方法來計算損益，並推估資產負債情形。導入 IFRS 之後，就改採第三種方法衡量資產負債情形，並就造成資產負債變動的情形加以細心的描繪。可是這種描繪實在太複雜了！譬如把溫度對游泳池水位的影響（例如精算損益）直接當做股東權益的加減項，不列入損益表中。

又譬如泳客及日照影響數列入「其他綜合損益」中。因為泳客游泳所排出的水透過過濾還可再用，所以泳客的影響數（例如國外營運單位之匯率影響數）列為「其他綜合損益」中之「可重分類至損益之項目」，日照影響數（例如部分股票投資之市價變動）列為「其他綜合損益」中之「不重分類至損益之項目」。又為了仔細描述，甚至在泳客影響數中連小孩在水池中的灑尿數也列入了。

綜言之，「其他綜合損益」就是有些事件會影響到企業資產負債表的資產價值或負債金額，進而影響到股東權益。這個影響數，制定會計原則的大老爺們認為將其列入損益表很奇怪，但不列入損益表更奇怪，於是將這些影響數列在更加奇怪的「其他綜合損益」的科目，讓報表閱讀者自行判斷。問題是，您會判斷嗎？

表 4-22　台積電之「其他綜合損益」與「綜合損益總額」

會計項目	2022 年度		2021 年度	
單位：仟元	金額	%	金額	%
其他綜合損益				
不重分類至損益之項目：				
確定福利計畫之再衡量數	(823,060)	-	(242,079)	-
透過其他綜合損益按公允價值衡量之權益工具投資未實現評價損益	(263,749)	-	1,900,797	-
避險工具之損益	-	-	(41,416)	-
採用權益法認列之關聯企業之其他綜合損益份額	154,457	-	(30,194)	-
與不重分類之項目相關之所得稅利益（費用）	733,956	-	(85,269)	-
	(198,396)	-	1,985,997	-
後續可能重分類至損益之項目：				
國外營運機構財務報表換算之兌換差額	50,845,614	2	(6,181,830)	(1)
透過其他綜合損益按公允價值衡量之債務工具投資未實現評價損益	(10,102,658)	-	(3,431,791)	-
避險工具之損益	1,329,231	-	131,535	-
採用權益法認列之關聯企業之其他綜合損益份額	550,338	-	(119,997)	-
與可能重分類之項目相關之所得稅利益（費用）	6,036	-	(3,370)	-
	42,628,561	2	(9,605,453)	(1)
本年度其他綜合損益（稅後淨額）	42,430,165	2	(7,619,456)	(1)
本年度綜合損益總額	1,059,330,680	47	589,453,678	37

資料來源：台積電 2022 年報

　　由於這個方法不完美，IFRS 又大改了一次，台灣 2018 年的財報因為反映這個改變，2018 及 2017 年「其他綜合損益」科目內容也跟著大改變，讓大家更是一頭霧水。

　　以上五段說明，讀者如果看懂了，表示你很認真，應該頒獎

表揚你；如果看不懂也沒關係，我的總結是，**2018 年以後的報表，除了金融業以及投資部位很高的特定公司外，一般公司的「其他綜合損益」科目金額都不大，讀者可以略而不看。**

即便有金額大的科目，往往是「國外營運機構財務報表之兌換差額」這種因為匯率變動造成的一時性影響數，過一陣子又會回復，所以不管是正還是負，還是不重要。「其他綜合損益」既然可以不用看，「綜合損益總額」當然也可以不予理會。表4-22 是台積電之「其他綜合損益」與「綜合損益總額」，由讀者自行決定可看可不看。

真賺錢，還是帳面好看？

——「現金流量表」是獲利品質照妖鏡

一家公司就算經營黑字，但若不是藉由營業來賺錢，就不健康

現流表可分析企業來自營業、投資、籌資三大活動的現金流量

更要能看出企業擁有多少「自由現金流量」

台積電創辦人張忠謀認為，唯有能夠「穩定」產生現金流量的公司，才是好公司。能夠從日常營運中產生穩定現金流量的公司，可以做到以下 3 點：

1. 有錢可以持續的透過投入研發、購置設備、以及轉投資等方式投資未來，從而維持甚至提升公司在產業界的競爭能力及獲利能力。例如微軟（Microsoft）每年都投入超過 200 億美元在研發及轉投資上，讓他最早覓得可行的 AI 商業模式聖杯。

2. 有能力穩定配發股息，甚至逐年增加。例如過去 6 年來蘋果公司透過股息及股份回購，已經發還股東超過 5,000 億美元，讓其獲利即便不成長，EPS 仍然逐年成長，而且成為全球市值最高的企業。

3. 不論是投資未來還是配發現金股息或回購股份，都不需跟股東拿錢（增資），即使一部分透過舉債也不會過度融資。例如台積電執行 3 年 1,000 億美元的擴廠案，並沒有辦理增資，截至 2023 年半年報，其負債比率也依然相當低，真實的負債比率甚至比帳面更低。

賺錢的企業並不表示它有能力投資未來及支付合理股息，虧錢的企業也不表示它不具備這個能力，**閱讀現金流量表的意義就是要判斷企業是否具備投資未來及支付合理股息的能力。**可是，現金流量表的呈現方式太煩雜，往往讓人看不懂甚至根本

不想看，本章就是要讓不了解會計的人知道怎麼閱讀及分析現金流量表。

看懂現金流量表的 3 大關鍵

現金流量表的呈現方式是將企業平時的現金進出分成 3 大類來分析。第一是「來自營業活動之現金流量」，第二是「來自投資活動之現金流量」，第三是「來自籌資活動之現金流量」。以下我們根據這 3 大類內容來解釋給讀者了解。

1. 營業活動之現金流量

營業活動是指一家企業從購買原料、僱用人工、投入生產，得出產品後把產品賣給客戶的活動。企業在這個活動中，可藉由出售產品向客戶收取貨款（現金），但為了生產產品及維持企業正常的運作，企業也必須支出原料貨款、各類人員薪資、水電瓦斯費、保全費用、資訊費用、交際應酬等等。

營業活動其實就是「本業的賺錢活動」。分析營業活動之現金流量，就是在分析企業到底從賺錢這個偉大的活動中「賺得多少現金」？有讀者會疑惑，損益表不就是在表達企業如何賺錢了嗎？現金流量表與損益表到底有何不同？

損益表顯示的獲利數（稅後淨利）之所以不同於營業活動之

現金流量，主要在於：

(1) **損益表的會計原則採用應計基礎。**例如台積電將蘋果 A17 處理器賣給蘋果後就會認列營業收入，但貨款可能是月結 1 到 2 個月後才能收到。相同的情形，台積電採購晶圓後，通常也要 2 至 3 個月後才會支付供應商貨款。所以損益表中台積電賺多少錢，不表示台積電當年度賺得等額的現金。

有些產業的經營模式會讓企業取得現金的速度比帳上的獲利快很多，例如經營電子商務的富邦媒（momo）和經營零售的統一超，它們獲取現金的速度比帳上的稅後淨利快很多，因為它們對供應商通常是貨到後 2 到 3 個月才付款，可是你去超商買便當時可以說「等我吃完 3 個月後再付款」嗎？

也有些產業賺取現金的速度會比帳上慢，例如很多半導體通路業者，像大聯大、益登、文曄，它們背後的供應商往往是高通（Qualcom）、聯發科及德州儀器（TI）等大廠，通常貨到後 1 到 2 個月就必須付款，可是他們將貨品交給電子代工大廠，如果條件談不好的話，可能要 4 至 6 個月後才能收到款。所以，損益表中的獲利數，就無法表示當年度企業賺得多少現金。

(2) 損益表中，廠房及設備的折舊費用及無形資產的攤銷費用，絕大部分是不用花錢的。這是因為企業該花的錢在當初買廠房、設備及無形資產時，已經一次付清了。由於先買後提折舊的

特性，越是花巨資建廠房、買設備的資本密集產業，其折舊及攤銷費用越高，因此每年從營業上賺取的現金會比「稅後淨利」高很多。

例如荷蘭殼牌石油（Royal Dutch Shell）2022 年帳上稅後淨利是 428 億美元，但其營業活動賺取的現金高達 684 億美元，中間的主要差異就是當年高達 185 億美元的折舊及攤銷費用所致。再比如台積電 2022 年帳上的折舊費用高達 4,285 億元，是造成台積電當年從營業上賺取的現金（1 兆 6,106 億元）遠高於當年度稅後淨利（1 兆 169 億元）的主因。

(3) 有些活動如出售不動產的資本利得、轉投資活動賺得的利息、股利及投資損益，籌資活動所支付的利息，這些都和正常的營業活動無直接關聯，依會計原則，這些收入及支出通常會列為投資或籌資活動現金流量的進出。不過，由於這些項目的金額通常不高，讀者也不用太在意。

從表 5-1 中可以看出，這麼多數字加加減減，其實只是在做一件事：**將企業損益表的應計基礎獲利數，調整至現金基礎的營業活動獲利數。**對於不熟悉營業活動現金流量編製的人，我的建議是從以下 4 個科目的數字去抓取營業活動現金流量的重點：

稅前淨利＋折舊及攤銷費用－所得稅支付數 vs. 營業活動之淨現金流入（流出）

表 5-1　台積電 2022 年現金流量表（摘要）—營業活動

會計項目	2022 年度	2021 年度
單位：仟元	金額	金額
營業活動之現金流量		
稅前淨利	**1,144,190,718**	**663,126,314**
調整項目：		
收益費損項目		
折舊費用	**428,498,179**	**414,187,700**
攤銷費用	**8,756,094**	**8,207,169**
預期信用減損損失（迴轉利益）—債務工具投資	52,351	(2,735)
財務成本	11,749,984	5,414,218
採用權益法認列之關聯企業損益份額	(7,798,359)	(5,603,084)
利息收入	(22,422,209)	(5,708,765)
股份基礎給付酬勞成本	302,348	7,788
處分及報廢不動產、廠房及設備淨損（益）	(98,856)	273,627
處分及報廢無形資產淨損	6,004	1,228
不動產、廠房及設備減損損失	790,740	274,388
處分透過其他綜合損益按公允價值衡量之債務工具投資淨損失（利益）	410,076	(93,229)
外幣兌換淨損（益）	10,342,706	(16,115,936)
股利收入	(266,767)	(362,310)
其他	138,827	(414,219)
與營業活動相關之資產／負債淨變動數		
透過損益按公允價值衡量之金融工具	(1,354,359)	2,649,244
應收票據及帳款淨額	(32,169,853)	(52,105,823)
應收關係人款項	(868,634)	(157,193)
其他應收關係人款項	(7,444)	(10,886)
存貨	(28,046,827)	(55,748,914)
其他金融資產	(1,680,611)	(8,236,897)
其他流動資產	(4,450,883)	(3,899,043)

應付帳款	7,594,105	8,298,319
應付關係人款項	205,451	(670,532)
應付薪資及獎金	12,633,409	3,730,859
應付員工酬勞及董事酬勞	25,223,833	843,695
應付費用及其他流動負債	46,578,784	84,322,721
其他非流動負債	101,390,476	154,085,985
淨確定福利負債	(2,538,848)	(635,116)
營運產生之現金	1,697,160,435	1,195,658,573
支付所得稅	**(86,561,247)**	**(83,497,851)**
營業活動之淨現金流入	**1,610,599,188**	**1,112,160,722**

資料來源：台積電 2022 年報

　　例如台積電 2022 年損益表上，稅前共賺得 1 兆 1,442 億元，加上當年度不用花錢的折舊費用 4,285 億元、攤銷費用 88 億元，減掉當年度實際已經繳納的所得稅 866 億元，得出金額為 1 兆 4,949 億元。這個金額與台積電 2022 年從營業活動中創造出來的 1 兆 6,106 億元現金，只差 1,157 億元。這個差異數小於營業活動淨流入數的 10%，已經可以從大方向抓住營業活動現金流入的主要來源了。對於有興趣或有能力再探究細節的人，可能會發現台積電預收貨款增加了 901 億元（財報第 54 頁之暫收客戶款），另外屬於投資及籌資活動的利息收入淨額 110 億應該減列，經過這番加減後，差異數只剩下 366 億，這個數字已經相對微小到不值一提了。

　　台積電營業活動之現金流量告訴我們兩件事：

（1）台積電每年從營業活動產生的現金相當穩定，數字約是：

稅前淨利＋折舊及攤銷費用－所得稅支付數－利息收入＋預收貨款變動數（2021 年以後才有）

我們用這個概念來計算 2021 年，其差異數也只有 242 億元。

（2）台積電不用花錢的折舊及攤銷費用 1 年高達 4,000 多億元，而且這個數字應該很快會突破 5,000 億元，甚至 6,000 億元。這個數字告訴我們，即便台積電 2022 年獲利為零，透過不用花錢的折舊及攤銷費用，營業活動還是可以為公司產生約 4,000 多億元的現金。這數字大於當年度 2,800 多億元的股利支付數，也大於台積電 2023 年預計支付的 3,000 多億元股利數。所以請讀者以後千萬不要輕易說出「台積電每年賺的錢都投入資本支出，所以沒有錢分配股息」這種欠缺會計知識的渾話了。

結論：要分析一家公司的營業活動是否穩定，通常只要把「稅前淨利（淨損）＋折舊及攤銷費用－支付的所得稅」和營業活動之現金流入（流出）數相比較，**如果歷年來一直保持著變化不大的「比例關係」或很小的數字差異，表示企業的獲利模式穩定**；反之，如果無法呈現變化不大的「比例關係」，而且每年的差異很大，就表示獲利模式不穩定、獲利品質不是很好。

2. 投資活動之現金流量

投資活動是指公司取得或處分不動產、廠房與設備、策略性投資、理財性投資以及一些通常不值一提的與投資活動相關的現金流入及流出。我們可以看到投資活動之現金流量表也是一大堆數字加加減減，讓人看了心煩。要了解企業投資活動的重點，我們可以將投資活動分成 6 大類來分析：

(1)「不動產、廠房及設備」的現金收支：正常企業，特別是資本密集及技術密集產業，每年或多或少會增添「不動產、廠房及設備」，以保持規模或設備／科技上的優勢。投資者閱讀現金流量表時從企業花了多少錢去買「不動產、廠房及設備」，可以看出企業的企圖心與成長可能。所以這是整個投資活動之現金流量（表）中最值得注意的項目。

例如從表 5-2 英特爾的現金流量表（摘要）中，我們可以看到其「不動產、廠房及設備」的投資，從 2020 年的 142 億美元一路拉高到 2022 年的 248 億美元。雖然金額比不上台積電同期從台幣 5,072 億元拉高到 1 兆 827 億元，但仍然可以看出英特爾追趕台積電的企圖心。

另一方面，企業偶爾也會處分一些用不上或是利用率不高的「不動產、廠房及設備」，也屬正常。

(2) 策略性投資的現金收支：策略性投資指的是企業基於長

表 5-2 英特爾近 3 年現金流量變化

會計項目（單位：百萬美元）	2022 年	2021 年	2020 年
Cash flows provided by (used for) investing activities:			
Additions to property, plant and equipment	**(24,844)**	**(18,733)**	**(14,259)**
Additions to held for sale NAND property, plant, and equipment	206	1,596	194
Purchases of short-term investments	(43,647)	(40,554)	(29,239)
Maturities and sales of short-term investments	48,730	35,299	22,158
Purchases of equity investments	(510)	(613)	(720)
Sales of equity investments	4,961	581	910
Proceeds from divestitures	6,579	0	123
Other investing	(1,540)	1,167	(303)
Net cash used for investing activities	**(10,477)**	**(24,449)**	**(21,524)**

資料來源：10-K filed by Intel

期合作或其他目的需要，而長期投資其他公司股份、基金、或公司債的行為。

企業基於策略性入股或買入其他公司股權到一定程度，因而對被投資公司的決策有影響力時，這樣的投資會被歸類為「採用權益法之投資」。例如 2020 年全球第二大半導體通路商大聯大，看上第四大的文曄，最終在當年度花了 100 多億元取得文曄 20% 左右的股權，就是著眼於長期的合作甚至最終合併的可能。如果投資目的是著眼於策略需要，但是投資比重還達不到對被投資公司具有「影響力」時，依會計原則的規定，必須要放在「透過其他綜合損益按公允價值衡量之金融資產」這個科目。

又如文曄為了反制大聯大，尋找到祥碩當它的白馬王子，透

過換股，文曄持有祥碩 13% 的股權。由於自認為對祥碩不具影響力，文曄這項「投資」就放在「透過其他綜合損益按公允價值衡量之金融資產」項下，而祥碩持有文曄 21.7% 股權，已具有影響力，這項「投資」在祥碩帳上就放在「採用權益法之投資」。

另一方面，企業偶爾也會處分一些不再具備策略性意義或策略性意義降低的投資，也屬正常。

所以重點是：每當企業「採用權益法之投資」有巨額增減時，或是「透過其他綜合損益按公允價值衡量之金融資產」的巨額變動是來自策略性投資時，表示企業的策略或企圖心有所變化，值得報表閱讀者注意。

(3) **理財性投資的現金收支**：企業的財務人員基於理財需要，常會存取長天期定期存款、買賣基金、債券甚至股票。這些投資行為在現金流量表上會以買進或賣出「透過損益按公允價值衡量之金融資產」、「透過其他綜合損益按公允價值衡量之金融資產」、「按攤銷後成本衡量之金融資產」出現，或是以這些科目的淨增減數呈現。這些變動與其說是投資，不如說是理財行為。有人會問，既然都歸類為投資活動，你為什麼要在投資活動之現金流量（表）中將策略性投資與理財性投資分隔開來？這是因為策略性投資通常是長期投資，而理財性投資通常在短期內進進出出，所以金額看起來有時候會很嚇人，但是合併後淨增減數

表 5-3 台積電 2022 年現金流量表（摘要）—投資活動

會計項目	2022 年度	2021 年度
單位：仟元	金額	金額
投資活動之現金流量：		
透過損益按公允價值衡量之金融資產	(125,540.00)	-
透過其他綜合損益按公允價值衡量之金融資產	(54,566,725)	(255,888,679)
按攤銷後成本衡量之金融資產	(183,125,920)	(3,799,737)
處分透過其他綜合損益按公允價值衡量之金融資產價款	44,963,367	254,604,537
按攤銷後成本衡量之金融資產領回	62,329,674	9,368,275
透過其他綜合損益按公允價值衡量之權益工具投資成本收回	2,938	115,627
除列避險之金融工具	1,684,430	276,261
收取之利息	18,083,755	5,990,948
收取政府補助款－不動產、廠房及設備	7,046,136	821,312
收取政府補助款－其他	5,296	6,605
收取其他股利	266,767	362,310
收取採用權益法投資之股利	2,749,667	2,136,426
取得不動產、廠房及設備	(1,082,672,130)	(839,195,708)
取得無形資產	(6,954,326)	(9,040,751)
處分不動產、廠房及設備價款	983,358	390,364
處分無形資產價款	12,636	-
預付租賃款增加	-	(1,200,000)
存出保證金增加	(2,117,041)	(1,997,337)
存出保證金減少	505,423	683,684
投資活動之淨現金流出	(1,190,928,235)	(836,365,863)

絕大部分都是理財性投資

添購不動產、廠房及設備，與當年度投資活動之淨現金流出數相當

資料來源：台積電 2022 年報

往往很小，即使淨增減數不小，短期性的理財行為實在沒有太大意義！我們從表 5-3 可以看到台積電 2021 年投資活動之現金流量（表）中出現「取得透過其他綜合損益按公允價值衡量之金融資產」2,559 億元，然後又有「處分透過其他綜合損益按公允價值衡量之金融資產」2,546 億，兩者數字近乎相同，簡直就是來精神騷擾讀者的！

（4）企業會因擁有股票、基金及債券而賺得股息及利息。這些金額一般不大（台積電例外），所以通常不必理會。

（5）企業併購交易。企業併購另一家企業，往往是支付一筆錢出去，但同時又會換回各式各樣的資產。併購交易在現流表上的呈現方式實務上非常亂，企業有併購交易時，建議讀者閱讀相關財報附註。

（6）其他如投資性不動產、其他金融資產、應收關係人帳款、存出保證金等之增減，因較不常見或是金額不重大，通常不需深入探討。

從表 5-3 研究台積電近 2 年來的投資活動，可以看出兩件事：

（1）台積電近年來投資活動主要就是投資在不動產、廠房及設備上。台積電 2022 年因為購買不動產、廠房及設備而支付了 1 兆 827 億元的現金，這個金額和其當年度投資活動之淨現金流

出 1 兆 1,909 億元，相差約 1,100 億元，差異不到 10%；如果要細究的話，也很容易看出差額主要來自理財性投資的增加。

另外台積電 2021 年因為購買不動產、廠房及設備而支付了 8,392 億元的現金，這個金額和其當年度投資活動之淨現金流出 8,364 億元的差異數，已經微小到不必看了。

(2) 台積電相關的幾個投資科目中，「採權益法之投資」金額沒有大幅異動，顯示台積電近年來較少從事策略性投資。有人可能會問，那台積電美、日、德的投資哪裡去了？答案是我們是用合併報表來分析，也就是用「台積電家族」的報表來分析，所以台積電對美、日、德的投資會反映在報表的「不動產、廠房及設備」支出中。還有問題的讀者請回頭再看看第 2 章「標準 7. 兼看個體報表更了解企業經營狀況」有關合併報表與個體報表意義的說明。另外理財性質的 3 個投資科目（透過損益按公允價值衡量之金融資產等 3 個）則變動頗大，但相互抵銷後，淨變動數不大，就不需太關注了。

一家穩健的公司，大多聚焦在核心事業的擴張與策略性投資。核心事業的擴張主要反映在取得不動產、廠房及設備；策略性投資反映在投資企業上下游事業及平行事業，以增加企業影響力。所以當我們**看現金流量表的投資活動，主要就是看不動產、廠房及設備的收支，以及策略性投資的收支及內容**。企業投資活動如果偏離這個主題，通常不是錢太多亂投資，就是已經不知道

該幹什麼了！

3. 籌資活動之現金流量

籌資活動是指企業向股東拿錢、還股東錢以及舉借或償還借款的活動。向股東拿錢就是現金增資，還股東錢包括現金減資、回購自家股票以及支付股息給股東。舉借或償還借款主要包括向金融機構借錢、還錢，發行或贖回公司債，以及支付相關的利息。

要了解企業籌資活動的重點，可以將籌資活動分成 5 大類來分析：

(1) 辦理現金增資、現金減資或回購自家股票：在台灣，穩健的大企業通常很少會辦理大規模的現金增資、減資或回購公司股票。以台積電為例，其已經很久很久不曾辦理過現金增資，即便要讓員工執行認股權，也會從股票市場上買回相同數量股份，讓對外發行的股數保持不變。從表 5-4 中我們發現，台積電有小額回購公司股票，就是為了供員工執行認股權之用。記得幾年前台灣曾有多家公司例如鴻海、國巨等辦理減資，這些公司立意雖佳，但是在辦理減資時，大多被嚴厲批評是存心不良，並導致股價下跌。後來辦理大規模減資的公司就更少了。

另一方面，不透過減資但是透過大規模回購自家股票（其實

表 5-4　台積電 2022 年現金流量表（摘要）—籌資活動

會計項目	2022 年度	2021 年度
單位：仟元	金額	金額
籌資活動之現金流量：		
短期借款增加（減少）	(111,959,992)	35,668,397
發行公司債	198,293,561	364,592,792
償還公司債	(4,400,000)	(2,600,000)
舉借長期借款	2,670,000	1,510,000
償還長期銀行借款	(166,667)	-
支付公司債發行成本	(414,307)	(737,724)
買回庫藏股票	(871,566)	-
租賃本金償還	(2,428,277)	(1,985,338)
支付利息	**(12,218,659)**	**(3,833,633)**
收取存入保證金	271,387	469,041
存入保證金返還	(62,100)	(36,763)
支付現金股利	**(285,234,185)**	**-265,786,399**
處分子公司股權（未喪失控制力）	-	9,451,798
因受領贈與產生者	13,225	11,282
非控制權益增加（減少）	16,263,548	(115,015)
籌資活動之淨現金流入（流出）	**(200,244,032)**	**136,608,438**
匯率變動對現金及約當現金之影響	58,396,970	(7,583,752)
現金及約當現金淨增加數	277,823,891	404,819,545
年初現金及約當現金餘額	1,064,990,192	660,170,647
年底現金及約當現金餘額	1,342,814,083	1,064,990,192

（台積電最主要籌資活動就是發股息）

就是另一種形式的減資以及配發股息）在歐美企業是一種常態，並且與分派股息一樣深受股東歡迎。例如蘋果公司在過去 10 年

裡就透過回購股票返還給股東約 5,000 億美元。波音在 737 MAX 客機出現問題前，每年大約會花 90 億美元回購公司股份。

(2) 發放現金股利：支付股息通常是企業籌資活動中最常見的現金流出活動。以台積電為例，2022 年就支付了 2,852 億元股息給股東，因為股票也在美國掛牌，台積電也學歐美大型企業，以很穩定但配息率（股息／獲利）不高的方式支付股息，並且也知道要隨時間逐漸增加股息。雖然如此，大概是自覺資本支出太大，台積電沒有像歐美企業一樣從事股份回購。至於台灣大部分企業的股利發放，似乎沒有政策，很多公司以財務穩健為由，將大部分盈餘留在公司，以致負債比率偏低！有些公司可能根據資本支出來反推可以提供的股息吧！有些公司的股息配發政策似乎更像是依心情而定，更不要說有訂定及執行股份回購的計畫。

(3) 發行或贖回可轉換公司債：發行可轉換公司債，嚴格講就是辦理現金增資，只是要花一點時間才能完成債轉股的過程。至於籌資活動現流表上出現「贖回可轉債」，通常意味著公司業績不佳，股價一直低於可轉債的轉換價格，以致投資人寧願等可轉債到期再贖回。

(4) 增加或減少長短期借款、租賃款及普通公司債：企業經營過程中，借錢與還錢都是很正常的行為，所以對於籌資活動現流表中，這些借款的進進出出就不必太在意。

(5) 支付銀行借款及公司債利息：有借有還，再借不難，這裡當然還包括借款利息。由於相對於營收或借款金額，利息實在太微不足道了，所以也就不必太在意。

(6) 其他事項：除非是特殊產業，否則一般都小到可以忽略的地步。

從表 5-4 台積電 2022 年籌資活動之現金流量中，支付現金股利 2,852 億元，占整個籌資活動現金流出數 2,002 億元的絕大部分，差額主要就是公司債及長短期借款進進出出的淨增加數（借款增加）。事實上，台積電歷年來的主要籌資活動就是發股息，直到近兩年來才去做「可以不必做但還是去做」的增加借款活動。

總之，**簡單就是美，好公司的主要現金流量，就是可以從營業活動中賺取足夠與穩定的現金，再把這些現金花在資本支出、策略性轉投資以及返還股東三大支出中。**以此分析，我們從台積電的現金流量表可以很清楚的發現，台積電的現金主要來源就是透過本業賺得的現金，再拿這些現金去買設備、蓋廠房以及支付股利。這個模式長期以來一直非常的穩定。

台積電現流表可以說是我所看過台灣所有的上市櫃公司當中，最乾淨的現流表之一。缺點的話，就是明明很有錢，還不大願意增發股息或回購股份，更藉著財務穩健，又多借了很多錢

（去套利？），透過借款增加又順便把自己的負債比率拉高，讓人覺得台積電資本支出很大！很辛苦！

現金流量表，獲利品質照妖鏡

為什麼從現金流量表可以看出一家企業盈餘的品質？主要是因為現在全世界的會計變得很複雜，比如先前多次提到，很多公司在購併其他公司之後，會產生龐大的商譽，商譽是不用攤提的，還有其他無形資產雖然要攤提，但是這些無形資產究竟有多大的價值，有時候很難認定。所以國外一些證券分析者、主要的法人投資者，在分析企業財務狀況時，有時候會把無形資產從資產負債表中扣除。此外，折舊政策也會影響損益，例如台積電用 5 年攤設備折舊，但格芯用 10 年攤提，這些都會影響企業的獲利品質。

再從資產負債表來看，一家公司有時候即使獲利很高，可是因為存貨、應收帳款的累積，以及設備及廠房的添置，不一定能夠發放現金股利。

過去我在執業的時候，曾有一個客戶做的是電子流通業。我和這家電子業老闆常常一起吃飯，有天他跟我酒後吐真言，說他其實壓力很大。

我說：「你為什麼很辛苦？你公司不是很賺錢嗎？」

他說：「我是賺錢沒錯，但你知道嗎？這個錢到底是真的賺還是假的賺，我也不清楚。」

我說：「怎麼回事？有沒有賺錢你怎麼會不知道？你做假帳騙我？」

他連忙搖手繼續說道，客戶主要是代工大廠，賣產品給他們的毛利率不高，以前是五窮六絕（毛利率 5 - 6%），現在只有茅山道士（毛利率 3 - 4%），未來說不定還會降到說一不二（毛利率 1 - 2%）。

他又說，毛利已經不高了，結果代工大廠給的應收帳款天數是 6 個月，但他跟上游進貨的應付帳款是 2 個月，這中間就相差了 4 個月。不過嚴格來說，不只 4 個月，因為還要囤貨，存貨要 2 個月。也就是說，存貨 2 個月，應收帳款 6 個月，基本上要存 8 個月的錢；可是付給供應商的應付帳款是 2 個月，一來一往淨差額就 6 個月。

「你看，我的營收越來越增加，我賺的錢越來越多，但是賺得越多，表示我的應收帳款跟存貨越多，我每年賺的錢都沒辦法發放現金股利，因為都囤放在應收帳款跟存貨裡面。」

他苦惱的繼續說：「雖然我帳上都是賺錢，可是銀行借款越來越多。」也就是說，在現金流量上，他根本找不到現金可以從哪裡擠出來，以至於必須跟銀行借錢發股息，就算要轉投資，也

必須跟銀行借錢。

「現在我已經跟銀行借了 100 多億元，所以你不要看我現在住大直豪宅，萬一哪天公司出事情，我這個董事長是連帶保證人，可能一夕之間就宣告破產，化為烏有。」這就是他常常晚上壓力大到睡不著的原因。

這個案例告訴我們，即便一家公司賺錢，但是長期無法從營業上取得現金，基本上表示這個獲利是不健康的。

從現金流量表判斷陷入困境的公司有沒有救

生老病死是企業的常態，當企業生病時，分析現金流量表是財務專家判斷企業有沒有救的方法之一。

通常而言，生病的企業即使透過增資或借款暫時治癒後，如果在營業活動上不能產生足夠供企業再投資、償還借款以及分配股息的現金，這家公司通常就不值得救了！我們以陷入財務困境多年的華映在 2018 年聲請重整，並最終在 2022 年經法院裁定宣告破產為例。如果時光可以倒流，如果投資人看懂財報，透過解讀華映 2017 年甚至更早年的財報，特別是現金流量表，一定可以比其他人更早知道華映窘境之必然。由於如第 3 章所述，華映合併財報的小股東權益占比太大，造成合併報表存有重大瑕疵，我們就以華映個體報表來分析華映當時的狀況。

表 5-5　華映 2017 年個體現金流量表（摘要）—營業活動

會計項目	2017 年度	2016 年度
單位：仟元	金額	金額
營業活動之現金流量		
本期稅前淨利（淨損）	3,274,958	(1,776,479)
調整項目：		
折舊費用	**3,322,216**	4,362,041
攤銷費用	**220,120**	278,857
呆帳費用提列數	5,267	12,160
透過損益按公允價值衡量金融資產及負債之淨損失	-	21,745
利息費用	349,334	430,954
利息收入	(4,233)	(2,122)
採用權益法認列之子公司、關聯企業及合資損失之份額	984,958	291,633
處分及報廢不動產、廠房及設備利益	(270,063)	(106,078)
不動產、廠房及設備轉列費用數	26,484	11,478
處分待出售非流動資產利益	**(2,323,058)**	-
處分無形資產利益	(9,630)	(10,820)
處分投資損失	93,823	-
金融資產減損損失	182	50,362
非金融資產減損損失	254,061	148,641
與營業活動相關之資產 / 負債變動數		
應收票據	54	645
應收帳款	264,062	145,398
應收帳款－關係人	189,541	(46,064)
其他應收款	41,244	(28,383)
其他應收款－關係人	39,125	(29,835)
存貨	94,496	1,034,007
預付款項	22,416	73,680
應付票據	(18,320)	(396,182)
應付帳款	34,667	(1,976,419)
應付帳款－關係人	(140,630)	(121,100)
其他應付款	158,554	(867,582)

其他應付款－關係人	(62,937)	(234,272)
負債準備－非流動	13,679	(194,466)
預收款項	**(7,129,738)**	3,376,830
其他流動負債	(5,861)	146,081
淨確定福利負債	(360,362)	(326,368)
營運產生之現金流入（流出）	(935,591)	4,268,342
收取之利息	4,273	3,179
收取之股利	0	483,474
支付之利息	(261,377)	(387,153)
營業活動之淨現金流入（流出）	**(1,192,695)**	4,367,842

資料來源：公開資訊觀測站

從表 5-5 華映 2017 年個體報表之營業活動現流表中可看出：

(1) 當年度稅前淨利有 33 億元，加上當年度的折舊及攤銷費用高達 35 億元，華映的營業活動現金流量似乎應該不錯才對。

(2) 但當年度稅前淨利中有 23 億元是出售資產的獲利，這表示其當年獲利主要是來自業外的一時性收入，以後年度不會再有。而且這部分的現金流入屬於投資活動，所以被重分類至投資活動的現金流量中。

(3) 更嚴重的是，當年度營業收入中約有 71 億元，在以前年度已經向關係人預收貨款了，因此這部分營收無法再為華映產生現金流量。

(4) 綜合以上 3 個主要因素，華映 2017 年營業活動之現金流

表 5-6　華映 2017 年個體資產負債表（摘要）

會計項目	2017 年度		2016 年度	
單位：仟元	金額	%	金　額	%
流動資產				
現金及約當現金	3,485,121	7	3,416,241	7
無活絡市場之債務工具投資 - 流動	46,813	-	146,785	-
應收票據淨額	-	-	54	-
應收帳款淨額	1,130,776	3	1,400,105	3
應收帳款 - 關係人淨額	253	-	189,794	-
其他應收款	45,725	-	87,191	-
其他應收款 - 關係人	113,702	-	152,827	-
存貨	2,117,469	5	2,211,965	4
預付款項	84,272	-	91,688	-
待出售非流動資產﹝或處分群組﹞﹝淨額﹞	-	-	5,339,030	10
流動資產合計	7,024,131	15	13,035,680	24
流動負債				
短期借款	5,258,830	11	5,437,730	10
應付票據	58,183	-	59,655	-
應付帳款	1,896,816	4	1,862,149	3
**　應付帳款 - 關係人**	**9,522,839**	**20**	**9,663,469**	**17**
其他應付款	2,572,882	5	2,428,610	5
其他應付款項 - 關係人	270,838	1	1,333,775	3
**　預收款項**	**8,123,404**	**17**	**15,259,269**	**27**
一年或一營業週期內到期長期借款	2,423,125	5	1,862,450	3
其他流動負債 - 其他	459,368	1	465,229	1
流動負債合計	...,285			
非流動負債				
長期借款	...,474			
負債準備－非	...2,544			
遞延所得稅負	...0,708	1	1,170,269	2
長期應付票據	16,848	-	-	-
長期遞延收入	27,329	-	268,081	1

> 2017 年度
> 應付帳款－關係人：95 億元
> →積欠關係人貨款
> 預收款項：81 億元
> →無法在 2018 年及以後年度產生現金流量

> 2016 年度
> 預收款項：153 億元
> →無法在 2017 年及以後年度產生現金流量

淨確定福利負債—非流動	794,069	2	1,209,116	2
存入保證金	5,548	-	6,779	-
非流動負債合計	3,177,520	6	7,397,725	13
負債總計	33,763,805	70	45,770,061	82

資料來源：公開資訊觀測站

量約為負 12 億元。

另外從表 5-6 華映個體資產負債表中可以看到，華映帳上還有 81 億元的預收貨款，這表示除非買方願意再預付貨款，否則 2018 年華映的營收中會有 81 億元（2017 年營收的 28%）不會再收到錢了。如果再加上 2017 年關係人特意不催收的 95 億元貨款，兩者合計達 176 億元。除非預收貨款可以重複得到，另外積欠的貨款可以繼續展延，否則華映 2018 年及往後幾年度營業活動的現金流量應該會是負的。

另外，從表 5-7 華映 2017 年個體報表的「投資活動之現金流量」中可以看出：

(1) 當年藉由處分股票及一部分財產給日商 Ortus 以及出售其他資產，為公司取得約 74 億元的現金。

(2) 當年購置約 17 億元的「不動產、廠房及設備」。

(3) 綜合前面 2 個主要因素，華映 2017 年投資活動之現金流量為流入 50 億元。

表 5-7 華映 2017 年個體現金流量表（摘要）—投資及籌資活動

會計項目	2017 年度	2016 年度
單位：仟元	金額	金額
投資活動之現金流量：		
取得無活絡市場之債務工具投資	(28)	-
處分無活絡市場之債務工具投資	100,000	74,418
**　處分子公司**	**3,913,353**	-
**　處分待出售非流動資產**	**3,498,572**	600,000
**　取得不動產、廠房及設備**	**(1,753,464)**	(1,450,267)
處分不動產、廠房及設備	87,568	145,167
存出保證金增加	(4,159)	(5,800)
存出保證金減少	4,722	39,596
取得無形資產	(192,954)	(56,381)
支付之所得稅	(589,895)	-
**　投資活動之淨現金流入（流出）**	**5,063,715**	(653,267)
籌資活動之現金流量：		
**　短期借款增加**	**12,270,005**	15,975,287
**　短期借款減少**	**(12,448,905)**	(16,899,322)
**　償還公司債**	**0**	(600,000)
**　舉借長期借款**	**2,437,878**	1,169,220
**　償還長期借款**	**(5,093,583)**	(807,146)
存入保證金增加	100	535
存入保證金減少	(1,331)	(16,942)
應付款項增加	33,696	0
其他應付款－關係人增加	0	1,000,000
**　其他應付款－關係人減少**	**(1,000,000)**	(3,909,741)
處分子公司股權（未喪失控制力）	0	968,560
籌資活動之淨現金流入（流出）	(3,802,140)	(3,119,549)
本期現金及約當現金增加數	68,880	595,026
期初現金及約當現金餘額	3,416,241	2,821,215
期末現金及約當現金餘額	3,485,121	3,416,241

資料來源：公開資訊觀測站

問題是 2017 年的資產處分只是一時性的所得，以後還能有多少資產可供處分？我們研讀報表（2017 年財報附註 8）的結果是，只剩下大陸華映及少量的福華電子股票。但大陸華映主要是負責台灣華映面板製造的後製程，很難分割出售。所以要取得大金額的現金，除非是賣廠房或設備，否則應該是賣無可賣了。此外，華映的面板事業屬於資本與技術密集產業，華映一年十幾億元的設備投資遠遠低於群創及友達，這會讓投資人擔心該公司的競爭力是否能夠維持及提升？

同樣從表 5-7 華映 2017 年個體報表之「籌資活動之現金流量」可以看出：

(1) 透過借新還舊的方式向銀行再融資約 150 億元，這部分因為是借新還舊，不影響現金流量。

(2) 利用處分資產所取得的現金，償還銀行長期借款約 26 億元及關係人帳款 10 億元。

(3) 由於歷年累積的虧損嚴重，沒有配發股利。

從籌資活動中我們可以看出，華映的主要籌資活動就是借新還舊。我如果是銀行，一定會催促公司趕快償還 91 億元的銀行借款，若要借新還舊還必須要提供十足的擔保，這還是看在華映是大同集團成員的份上。但若是母公司在策略上要放棄華映呢？

總之，從華映 2017 年個體報表的現流表和資產負債表（表

5-5 至 5-7）可以看出，因為過去向關係人預收及積欠太多貨款，未來幾年除非業績超乎尋常的好（2018 年是面板產業非常糟的一年），營業活動的現金流量很難是正的。營業活動既然應該會是負的，除了向銀行借新還舊外，還必須增貸，並且很難更新設備。然而，設備投資停滯不前，又會進一步導致競爭力衰退。所以除非經由大舉增資，華映事實上已經走入營運上的死胡同，再加上大同經營權紛爭，難怪法院會裁定華映宣告破產。

「自由現金流量」的觀念很重要

自由現金流量 ＝ 營業活動現金流入 － 資本支出

自由現金流量指的是企業正常營運一段期間所累積起來可以自由支配的錢。所謂自由支配是指可以拿這筆錢去發放股息、回購股份、償還貸款、從事策略性投資、併購，甚至增加公司的現金儲備等。

「資本支出」是指企業為維持並增加企業的競爭力，基於長期策略必須要支應在不動產、廠房及設備上的支出，是企業即使必須降低股息甚至舉債也必須要支應的支出。這就是為什麼計算自由現金流量時一定要減除資本支出金額的原因。在資本及技術密集產業，資本支出的考量尤為重中之重。

例如為了改善競爭力，英特爾於 2021 年發起 IDM 2.0 計

表 5-8　英特爾 IDM2.0 資本支出大增

單位：億美元	2022 年	2021 年	2020 年
資本支出	248	187	143
股份回購支出	0	24	142
股息支出	60	56	56

資料來源：作者整理

畫，準備與台積電競爭晶圓代工業務。投入巨資在不動產、廠房及設備的 IDM2.0 計畫，讓英特爾的自由現金流量大減，為此英特爾於 2021 年將原本每年花在股份回購的 100 多億美元的支出金額，砍到剩下 20 幾億美元，再於 2022 年將金額砍到零（表 5-8）。此外英特爾又在 2023 年年初宣布股息減少 2/3。事實上，早在 2021 年英特爾宣布 IDM 2.0 計畫時，華爾街就懷疑英特爾在資本支出上的能力，並認為此舉一定會影響英特爾的股利政策（股息＋股份回購）。所以 IDM 2.0 計畫公布後，英特爾的股價就開始下跌，至 2023 年 8 月已經跌了 5 成。

　　在計算資本支出時，我們不能直接拿投資活動的現金流量來充數。因為如之前的說明，投資活動流量表裡除了花錢買不動產、廠房及設備外，還有策略性及理財性的投資、甚至還有出售不動產、廠房及設備的一時性收入、預付租賃款與存出保證金變動數等，會妨害閱讀者思緒的科目。我們只要記得計算自由現金流量要扣除的資本支出**指的是企業擴廠的支出，也就是不動產、**

廠房及設備的支出金額。

企業每年賺取的自由現金流量，讀者可以從已發布的財報中輕鬆計算而得，例如台積電 2022 年產生的自由現金是：

1 兆 6,106 億（營業活動的現金流入）－ 1 兆 896 億（不動產、廠房及設備＋無形資產支出）＝ 5,209 億

這筆錢台積電可以決定用來配發股息、償還負債、轉投資，也可以什麼都不做，直接存在銀行裡。

以上是介紹如何從現金流量表中計算自由現金流量。實務上預計的也就是**未來的自由現金流量**才是經營者及投資人應該關注的！如何推估未來的自由現金流量？實務上可以概推如下：

自由現金流量 ＝
預計稅後淨利 × X% ＋ 預估攤折費用 － 預計資本支出

至於這些數字，沒有人，包括公司，能夠告訴你確切的數字，因為他們也不知道！如果他們能知道，那他們就不是人了！不過自由現金流量在商業模式越是穩定的公司、資訊越是透明的公司，越能夠推算出越準確的數字。

未來的自由現金流量會影響股價

在股市上，股票價值的推算除了預估的 EPS 以外，也往往

離不開企業未來的自由現金流量。證券分析師通常是根據產業知識及訪談企業結果，去預估或推算特定公司的營運績效（EPS）與自由現金流量，根據企業對 EPS 及自由現金的預估，推出合理股價或企業的收購價值。例如巴菲特就特別喜歡自由現金流量穩定且高的企業。

要預估企業未來長期的營運績效，很難！而要根據預估的營運績效，再去推算企業長期的現金流量，當然更不準！但是如果沒有突發狀況，推算個 1、2 季甚至 1、2 年內企業的營運績效與自由現金流量，還是有一定準頭的。而根據 1、2 年內的準頭，就可以讓分析師幻化出專業研究報告，並且告訴投資人特定企業的目標股價了。

自由現金流量，特別是未來的自由現金流量，會嚴重影響企業的股價表現！所以**即便是相同的獲利水準下，也會因為自由現金流量不同，造成不同的股價。**更甚者，相同的獲利與現金流量下，**不同的股利政策**也會讓股價大不同。

首先來談「即便是相同的獲利水準下，也會因為現金流量不同，造成不同的股價」。為什麼台商到香港或美國掛牌的本益比都很低？其實有兩個因素，第一是台灣上市公司主要以製造業為主，製造業只要業務增加了就必須擴廠，為此需要不斷購買或建造土地、廠房與機器設備，還會產生大量的應收帳款與存貨，結果公司越大，資金需求越多。

表 5-9　台積電 ADR 本益比偏低

公司	台積電 ADR	博通 Broadcom	超微 AMD	蘋果 Apple	高通 Qualcom
本益比 （股價／未來 1 年預估 EPS）	19.1	24.92	66.84	29.65	17.42

資料來源：Seeking Alpha

　　以台積電為例，台積電不賺錢嗎？當然很賺錢。但是 2021 年開始的 3 年 1,000 億美元擴廠案，硬是把台積電大部分的獲利鎖在資本支出中，讓台積電的股息配發率低到令人髮指的 3 成左右。由於製造業高資本支出造成低配息的特質，讓到美國或香港掛牌台商的股價本益比普遍較低。記住：**不斷的高資本支出，基本上會犯了巴菲特的投資大忌。什麼大忌？就是利潤難以合理預估（因為折舊費用太大，造成固定成本大增，以致景氣好壞會嚴重影響公司獲利能力），以及伴隨而來的沒錢發股息及回購股份。**

　　表 5-9 是截至 2023 年 7 月，營收及獲利都衰退的 5 家在美上市公司的本益比資料。我們可以發現台積電由於資本支出太龐大，其本益比只比高通高。

歐美大企業善於運用自由現金流量

　　其次來談「相同的獲利與現金流量下，不同的股利政策也會

讓股價大不同」。香港及美國股市給台商製造業較低的本益比，股利率（股息／獲利）低還不是最主要的因素，因為歐美大企業的股利率一樣也很低，**真正致命的原因是股息不穩定或是不成長的壞毛病**。在歐美這種「先進資本主義社會」，除了股息外，還會看你的股息穩不穩定？股息有沒有成長的可能？也就是能不能配給投資人穩定的現金（股息）流量，甚至成長的現金流量。為了迎合歐美股民的股股期盼，美國很多公司的股東回饋計畫通常是穩定但不高的股息政策，也就是不論公司是盈或虧，原則上每年都會配發一定的股息。其次，公司會根據自由現金流量預估數編列股份回購預算，將發行在外的部分股份買回註銷。

從表 5-10 中我們可以看出 3 個樣本企業的返還股東政策，就是一部分的股息加上一部分甚至金額更高的股份回購。

將發行在外的部分股份買回註銷，會讓公司股份逐漸減少，如此一來公司以後即使獲利不能增加，也會因為股份變少，使 EPS 年年增加、進而每股股利也可以增加，股價於是不斷上漲。

從表 5-11 中我們也可以看到蘋果公司每年都會花股息金額 5-6 倍左右的金額執行股份回購，在發行在外股數逐年減少下，讓 EPS 的成長率大於稅後淨利成長率，每股股利也在股份不斷減少下逐年增加。蘋果股價在過去 4 年中上漲超過 120%，也一直是全球市值最高的企業，市值曾一度超過 3 兆美元。

所以讀者以後一定不要人云亦云的說：「台股殖利率全球最高，台股殖利率高過美股，台股本益比卻低於美股，很沒道理！」這種渾話。因為台灣人談股息，美國人談的卻是發還股東金額，這個金額除了股息還包括股份回購，雙方的觀念根本 not on the same page（雞同鴨講）！

另外有人會問：為什麼美國企業不直接發放較高的股息就好，還弄個股份回購機制幹什麼？首先從企業角度，美國是高度

表 5-10　歐美大企業 2022 年現金流量概況

單位：億美元	蘋果	高通	殼牌石油
營業活動之現金流入	1,222	91	684
資本支出	110	72	249
現金股利	148	32	76
股份回購並註銷	894	31	184

資料來源：作者整理

表 5-11　蘋果公司讓 EPS 成長大於淨利成長

項目	2022 年	2021 年	2020 年	2019 年
稅後淨利金額（億美元）	998	947	574	553
稅後淨利成長率	5.4%	65%	3.8%	-7.1%
EPS 金額（美元）	6.15	5.67	3.31	2.99
EPS 成長率	8.5%	71.3%	10.7%	-0.3%
股利發放金額（億美元）	148	145	141	141
股份回購金額（億美元）	894	860	724	669

資料來源：作者整理

資本主義國家，**企業經營的主要目的除了為企業賺錢外，更要讓投資人真正賺錢**。加上主要投資人是各種投資公司、投信、退休基金等，這些法人甚至一般股民都希望**企業的股息要穩定，讓投資人可以有穩定可預期的收入**。在穩定的股息政策下，企業的股息若太高，在營運低潮時可能會影響企業財務。但是如果營運得很好，產生太多現金流入怎麼辦？方法就是將多餘的資金用回購股份的方式發還股民。**對於投資人來講，可以選擇高價將全部或部分股份透過市場賣給企業，實現資本利得；也可以選擇不賣出，透過企業因為股份回購的政策，產生的股份減少、EPS 增加、股利增加、股票上漲的良性循環，坐收長期利益。**

其次歐美大型企業是 CEO 制，不是董事長制，CEO 的薪酬除了固定薪酬（大企業通常在 500 萬到 2,000 萬美元之間），如果企業獲利增加、EPS 增加或是股價上漲的話，還可以透過執行認股權享受股價上漲帶來的巨額變動薪酬。這也是為什麼很多歐美大企業都有股份回購機制的原因。

書寫到 2023 年 8 月 23 日，例子就來了！ Nvidia 董事會在公布 2023 年第 2 季令人瞠目結舌的獲利後，隨即表示已批准 250 億美元的股份回購支出。並表示未來還會再加碼回購股份！

反觀台灣很多企業怕平時股利給得太高，當企業處於低潮時，股利減少會讓投資人失望，於是選擇中庸的股利發放辦法，例如年度淨利的 50%。這種方法執行太久後，會發現保留未分

配的盈餘越來越多，最後是公司現金及理財性投資部位驚人，負債比率也來到不合理的低，還美其名的宣稱公司穩健經營，不會倒閉。像這樣不把投資人的錢當錢看的公司，隨便抓就一大把，不信的話讀者可以上公開資訊觀測站去搜尋。

總之，我們了解現金流量表的目的有 4 個：

1. 了解公司的獲利品質是否良好，處於危機中的公司是否還有救。

2. 評估公司資本支出的承受度。

3. 評估公司股利金額的合理性。

4. 評估股價上漲的空間，特別是歐美大型企業。

對於獲利品質好的公司，投資人可以加碼。反之，不是減碼，就是必須設定較低的本益比。

預先看出財報地雷
——企業做假帳的 7 特徵、6 警訊

台灣平均每 2 到 3 年就會發生上市櫃公司財報造假事件
投資人往往只能眼睜睜看著血汗錢化為烏有
本章分析如何提前看出企業可能做假帳，以及相關非財務警訊

資本市場是一個創造財富與財富重分配的市場。有人辛辛苦苦經營企業有成後將公司上市，享受股價上漲帶來的財富增加利益；也有人因為勤於分析總體經濟與產業走向而投資有成、賺大錢；另一方面，卻也有人因為經營不善或看錯股市走向而虧大錢。

在股票市場賺錢的人，只要是遵守法令就沒有人有話說，畢竟努力和風險承受力與報酬之間也存在著關聯性。反之，如果是為了賺錢而製造虛假的財務報表，藉由破壞遊戲規則，昧著良心圖利自己、坑殺別人，這樣的作為一定令人不齒。

遺憾的是，台灣平均每 2 到 3 年就會發生上市櫃公司財報造假的案例。例如報載從事 LED 的揚華科技自 2012 年起，涉嫌聯合宇加、百徽等 20 餘家公司，以假交易方式營造公司業績大幅上揚的假象，拉抬公司股價；從事印刷電路板的雅新為了避免股價下跌，銀行團收銀根，單單 2006 年即做帳虛增營收 186 億元，以隱瞞虧損。

對投資人而言，一旦企業做假帳的訊息經媒體披露，通常為時已晚，只能眼睜睜看著血汗錢化為烏有。究竟企業做假帳有無徵兆可循？若能提早看出投資標的的財報有假，可讓投資人及早避禍，減少損失。

要了解企業是否在做假帳，我們必須從企業是否有做假帳的

誘因或壓力、假帳在財報上常見的特徵，以及做假帳常見的非財務警訊 3 方面來加以探討。

企業做假帳的誘因或壓力

為什麼一家公司要做假帳，美化財務報表呢？以下我們就做假帳的主要誘因或壓力分析如下：

動機 1：為順利上市上櫃

企業要能夠順利上市或上櫃，業績及財務必須符合獲利及財務標準，為了讓財報數字符合最低標準，有可能會去做假帳。例如報載就曾提到有一企業名叫國 X 幹細胞，其為了順利上市櫃，找上無會計師證照的男子，藉由膨脹營業額及毛利方式，製造不實財務報表，直到投資者投入數千萬資金入股後發現有異，向調查局舉發才揭穿此事。

為了順利上市櫃而製造假帳的事件很多，更多的案例是假藉申請上市櫃之名，行詐欺之實。多年前我曾接獲台中地方法院的出庭傳票，原來有人開了一家公司，誇稱要上市櫃，為了吸引投資者而製造假帳，又為了取信投資者，還偽造以我名義簽發之會計師查核（帳）報告書。

要避免投資未上市櫃公司受騙，投資者宜了解簽證會計師聲

上市上櫃公司最常見的醜聞：虛增營收

〈竹縣生技廠做假帳　負責人夫妻遭判刑〉

新竹縣 1 名 55 歲朱姓男子，於 2003 年創立 XX 幹細胞公司，擔任公司負責人，同時也是 XX 農業基因、XX 生化及 XX 生物企業社實際負責人。朱男前妻彭姓女子（54 歲）自 2005 年起曾任 XX 生技監察人、負責人及執行長等職務。該公司 為了讓公司順利上市櫃 ，委由無會計師證照的歐姓男子，負責修改公司不良財務報表，但 2 人授意歐男虛列資本、填製不實會計憑證、會計帳簿報表及財務報表，還利用兒女及友人當人頭，由母公司產品賣回給子公司， 膨脹 XX 公司營業額及毛利 ，並隱匿與子公司交易的事實，虛增營業額，致使 2009 及 2010 年財報不實。由於投資者投資數千萬入股後，發覺有異，向調查局舉發，才揭發此事。被告朱男、彭女、歐男 3 人在偵審過程均自白坦承犯行。新竹地院合議庭法官依違反公司法、商業會計法判朱男有期徒刑 2 年，緩刑 5 年，應捐國庫 100 萬元；彭女則違反公司法及商業會計法判 1 年 6 個月，緩刑 4 年，並應捐國庫 60 萬元，另歐男違反商業會計法，判刑 9 個月，緩刑 2 年，並應捐國庫 30 萬元。全案可上訴。

（楊勝裕／新竹報導）

資料來源：《蘋果日報》即時新聞 2014/06/17 12:58
https://tw.news.appledaily.com/local/realtime/20140617/417846/

譽、必要時打電話或實地拜訪會計師，甚至調查欲投資公司之業務狀況為宜。

動機 2：掩飾本業衰退或獲利不佳的情形

企業如果財務狀況不好，為了怕財報不佳訊息公布後，股價下跌或銀行不願意繼續貸款，可能就會以做假帳方式掩飾虧損。例如報載光洋科因為從事黃金買賣及衍生性金融商品，產生鉅額虧損，為了掩飾虧損而自 2011 年起連續 5 年製造不實財報。生產印刷電路板的雅新實業也是為了掩飾本業不佳而製造不實財報。

投資人宜避免買入財務狀況已經不好的公司，例如負債比超過 7 成的公司，或是買入規模與技術和同業相仿，但財務績效明顯與同業不同的公司，例如雅新的技術與同業並無太大差異，但當同業虧損時，它在製造假帳期間的 EPS 反而大多達到 2 元以上，這樣的獲利能力豈不怪哉！

動機 3：避免大股東破產

公司上市櫃對股東最大的好處主要在於財富增加，其次是讓財富流動化。簡單的說，公司上市櫃後大股東可以用股票質押方式向銀行借款，利用借得的錢再投資或從事其他投資。

大股東利用自身股票向銀行質押借款，如果股價跌了一定百分比，就必須要提供額外擔保品。通常而言，如果股票質押成數超過 6 成，股價就不能大跌，否則大股東有可能因為拿不出額外擔保品而破產。所以**當大股東提供質押的股票成數太高時，業績不佳企業就會有製造不實財報以掩飾績效不佳的壓力。**

大股東股票質押成數可以在公開資訊觀測站的「內部人股權異動」中查得。大凡大股東股票質押成數高的股票，股價就不易跌，一跌則如山崩。

動機 4：操縱股價

要從資本市場獲利，主要是透過買低賣高的方式賺取差價。若有存心不良的大股東要非法賺取差價，其主要的方法通常是透過：

1. 以低價辦理現金增資。

2. 發行可轉換公司債，透過人頭認購這些公司債或由承銷商將債及股票認購權分離，再由人頭取得股票認購權。

3. 透過人頭與市場主力，先在股價低點大量買進股票。

這 3 種都是取得部位的方法，但有了部位如果股價不漲，一切都將枉然。而透過製造假帳提高 EPS 是操縱股價的主要方法之一。

揚華科技聯合宇加、百徽等 20 餘家公司，以假交易方式營造公司業績大幅上揚假象，拉抬公司股價，就是典型的案例。十幾年前造成轟動的仕欽及陞技假帳案，情節大多如出一轍。

透過假交易來操縱股價的案例，台灣資本市場上每隔幾年就會有新案例，至於大陸股市亦多所發生。製造假帳提高 EPS 而被發現的公司，往往會有一到數個特徵，例如帳上的應收帳款帳齡特別長，存貨帳齡特別短。透過這些特徵，投資人可以找到做假帳做到自己是誰都搞不清楚的公司，從而趨吉避凶。

動機 5：掏空公司

有些大股東為了取得炒股資金或是償還債務，會把念頭動到公司頭上。他可能會在源頭上截取客戶的應收帳款，可能會透過預付方式將大筆資金匯出，可能會安排交易讓公司高價購買資產、或低價出售資產、或盜賣資產而不入帳。

2015 年 4 月和旺建設爆發違約交割，前董事長假借投資飯店名義，掏空公司資金，並以不實土地交易價格向銀行詐貸，又以不實方式虛增土地交易 30 多億元，而被法院判刑 10 年 6 個月。

表 6-1 是和旺掏空案前的董監事股票質押情形。掏空公司可能導致公司帳上出現不合理的應收帳款、其他應收款或預付款項

表6-1　質押股數占個人持股比重異常增加

和旺建 2010~2015 質押股數占個人持股之比重		
年度	董事長本人	配偶及二親等
2010 年	14%	0
2011 年	14%	0
2012 年	62%	51%
2013 年	90%	76%
2014 年	90%	95%
2015 年	100%	74%

資料來源：公開資訊觀測站，作者整理

> 質押股數占個人持股之比重逐年增加，顯示
> 大股東需錢孔急，且財產可能押無可押

金額，更甚者會出現不合理的巨額資產或併購交易。投資人可再重新閱讀本書第 3 章。

假帳在財報上常見的 7 大特徵

製造假帳公司的財務報表通常會有下列 1 到 7 項特徵，以下我們就一一加以介紹。

特徵 1：過高的應收帳款天數

一家公司要創造利潤，最主要的方法就是透過創造營收。為什麼透過創造營收？第一是因為營收是企業產生利潤的主要來

源：企業本業的獲利主要透過「營收－成本－費用」來的，製造假帳如果是透過減少成本或費用來創造利潤，會因為成本率或費用率異常，而啟人疑竇。透過創造營收及成本，讓帳上產生「合理的正常營業利潤」，最能吸引投資人。

第二是因為收入是判斷企業未來發展的重要指標之一：股票價格有很大的一部分是建立在夢想上，這個夢想就是公司會繼續成長，獲利會繼續增加。而營收是否增加？增加多少？是判斷企業是否繼續成長的主要關鍵。因此主管機關特別規定，上市櫃公司必須在每月 10 日前在公開資訊觀測站上公告其上個月之合併營收數。所以做假帳如果不透過創造營收的話，還真對不起受騙的投資人。

創造營收的方式通常是先找一批不存在或是呆滯的存貨，然後安排幾個人頭公司來交易這批貨。比如甲公司先以 100 萬元向 B 公司購入一批貨（這批貨可能不存在或存在但卻是呆滯品或瑕疵品），然後將這批貨以 120 萬元賣給 A 公司，A 公司接著再以 120 萬轉回給 B 公司，從而完成營收增加 120 萬、利潤增加 20 萬的艱困但漂亮工程。接著甲公司再以 120 萬元向 B 公司買回這批貨，再以 140 萬元賣給 A 公司。如此這般不斷重複，就可以創造出要多少營收與利潤就有多少營收與利潤的財務數據。

這種作法的倒數第二步是透過一筆現金，將應收帳款與應付帳款對沖，對沖之後在應收帳款只會留下一個痕跡，這個痕

跡就是利潤，以上例第一筆交易來說就是 20 萬（120 萬－100萬）。除非老闆拿錢來填利潤這個缺口，否則這個利潤會永遠留在應收帳款裡銷不掉。

這個作法的最後一步就是老闆拿錢出來把利潤這個缺口給堵上。老闆為什麼願意拿錢出來？原因有二。一是做假帳的刑期是 1 到 7 年有期徒刑；二是做假帳的目的是要藉此拉抬股價賺錢，如果老闆真的因此賺到錢，他從賺的錢中拿一部分出來把洞補上，是以免東窗事發後被關的應有之舉。

做假帳導致應收帳款大增的原因有二：

1. 利潤沖不掉：老闆若沒有即時拿錢來填虛假利潤這個洞，藏在應收帳款裡的虛假利潤金額就會越來越高。

2. 應收帳款被挪用：炒股票需要巨額的資金，當老闆資金不足時最簡單的方法就是，透過早付假交易中的應付帳款、晚收應收帳款方式，來挪用公司的資金去炒股。挪用金額越多，應收帳款金額就越高。

當應收帳款越墊越高，透過「（期末應收帳款／營業收入）×365 天」這個公式，所算出來的應收帳款天數就會很高。在第 3 章中我們提過，公司的整體帳齡超過 3 個月（90 天），除非是產業特性有特殊原因，不然有可能是有巨額呆帳未承認或是存有假帳。圖 6-1 是假交易以及挪用公司資金的流程圖。

圖 6-1　幕後金主挪用資金買股流程

幕後金主挪用資金買股票

甲公司向 A 公司及 B 公司假進貨，真付款。不法資金流向幕後
金主，用於投機炒股。

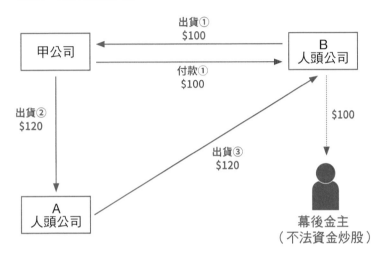

　　2015 年 6 月中旬，上櫃公司揚華科技爆發假交易掏空案。
經調查局調查，該公司涉嫌在 2012 年 3 月起，與宇加、友旺、
駿熠、佳營、百徽等 20 餘家公司聯合，進行虛假交易數十億
元，以此營造公司業績大幅上揚的假象，再以不實財務報告，陸
續辦理現金增資及發行可轉換公司債，向投資大眾募集資金。表
6-2 中可見揚華科 2012、2013 及 2014 年應收帳款金額及帳齡異
常。

表 6-2 揚華科應收帳款週轉天數異常

揚華科及其子公司 2012~2014 年合併資產負債表（摘要）						
會計項目	2014 年度		2013 年度		2012 年度	
單位：仟元	金額	%	金額	%	金額	%
流動資產						
現金及約當現金	252,312	11	107,275	7	147,283	14
無活絡市場之債券投資 - 流動	2,760	-	2,769	-	-	-
應收票據	43,859	2	68,180	4	-	-
應收帳款 - 關係人	-	-	-	-	25,779	3
應收帳款 - 非關係人	**1,263,562**	**54**	**697,619**	**45**	**295,775**	**29**
其他應收款	741		5,351	-	25,663	3
存貨	545	15	191,220	12	28,199	3
預付土地款			-	-	-	-
預付款項	823	-	1,307	-	213	-
待出售非流動資產	46,000	2	46,000	3		
其他流動資產	709	-	7,724	1	1,776	
流動資產總計	1,970,311	84	1,127,445	72	524,688	52

> 應收帳款週轉天數
> 2012：188 天
> 2013：190 天
> 2014：163 天
> →應收帳款帳齡超過 90 天

資料來源：公開資訊觀測站

特徵 2：過低的存貨天數

作偽交易的公司在虛增營收之時也會虛增成本。比如前面所舉的偽交易中，甲公司的第一次偽交易會為它創造 120 萬元的營業收入，同時也為它創造出 100 萬元的營業成本。

企業通常不會為了做假帳而去買一大批不需要的存貨進來，

所以公司帳上的存貨還是真正可以出售的存貨，以致期末存貨與銷貨成本比起來，期末存貨就會變得很小。如此，將「（期末存貨／銷貨成本）× 365 天」所得出來的天數就會比同業低很多。

我們在第 3 章中有提過，除非是特殊行業或是採豐田式生產的公司，正常公司的存貨不宜超過 2 個月，但也不能太低，以免造成沒有原料生產或無貨可賣的情況，所以即便是統一超的存貨天數都將近 30 天。當公司存貨天數不合理的低，例如 5 天、8 天的，通常表示假交易做得太火熱所致。

據報載，上櫃公司仕欽科技在 2005 年間受到將遭仁寶電腦併購的消息影響，客源縮減、營業收入下滑。

當時由於銀行籌資額度告罄、營運資金日益短缺，該公司於 2006 至 2008 年，虛列與日商富士通、APEX 公司的不實交易，總計虛增不實銷貨 63 億 8,600 餘元。該公司再以不實交易憑證向大眾銀行、中國信託銀行詐貸超過 40 億元。從表 6-3 中可以看到仕欽科 2005、2006 及 2007 年平均售貨日數介於 3 到 8 天，顯示相關人員實在是太投入假交易這個偉大的事業中，以致忽略了應有的職業注意。

如果一家公司與同業相較，同時有「應收帳款天數過高」與「存貨天數過低」這兩個指標，做假帳的機率高達 9 成。

以上這兩個異常指標數是最基本的判斷依據。大多數做假帳

表6-3　平均售貨日數過低：以仕欽科技為例

仕欽科 2005~2007 資產負債表（摘要）		2007 年度	2006 年度	2005 年度
採月制會計年度（空白表歷年制）		2007 年度	2006 年度	2005 年度
財務結構	負債佔資產比率 [%]	43.43	50.16	51.16
	長期資金佔固定資產比率 [%]	860.72	559.06	464.97
償債能力	流動比率 [%]	255.84	219.26	122.53
	速動比率 [%]	238.84	204.75	108.32
	利息保障倍數 [%]	(338.12)	196.73	518.31
經營能力	應收款項週轉率〔次〕	1.78	2.08	2.69
	應收款項收現日數	205.05	175.48	135.68
	存貨週轉率〔次〕	107.65	53.62	44.91
	平均售貨日數	3.39	6.80	8.12
	固定資產週轉率〔次〕	9.49	9.46	8.08
	總資產週轉率〔次〕	0.79	0.84	1.04
獲利能力	資產報酬率 [%]	(11.00)		
	股東權益報酬率 [%]	(24.59)		
	營業利益佔實收資本比率 [%]	(3.42)	14.76	20.26
	稅前純益佔實收資本比率 [%]	(24.44)	5.87	22.41
	純益率 [%]	(16.98)	1.42	5.07
	每股盈餘〔元〕	(3.03)	0.38	1.84
現金流量	現金流量比率 [%]	(22.54)	16.50	(18.23)
	現金流量允當比率 [%]	(48.97)	(29.63)	(84.01)
	現金再投資比率 [%]	(8.47)	4.90	(21.68)

> 存貨天數過低
> →平均售貨日數僅 3 到 8 天

資料來源：公開資訊觀測站，作者彙整

的公司都是犯這種「低級錯誤」的。但也有少數做假帳的公司會從事一些「高級的」作法，做得比較隱諱，讓投資人無法在第一時間很直覺的判斷出來。

特徵 3：過高的存貨天數

　　企業存貨天數太高通常是管理不善的結果。我們在第 3 章「存貨」一節有提到，存貨天數太高可能是銷售、採購、生產、研發、倉儲、會計部門中的一個或數個部門溝通或管理不佳所致。但有一種情形是公司為了提高毛利以提高營業利益，而刻意虛增存貨的結果。例如一家公司以 120 萬買入一批香蕉，這批香蕉以 200 萬賣出後，公司帳上會有營業收入 200 萬、營業成本 120 萬，以及營業毛利 80 萬。但為了提高營業毛利，公司帳上只有把 120 萬的香蕉（存貨）轉 70 萬到營業成本，如此一來公司的營業毛利就會高達 130 萬，也就是虛增了 50 萬營業毛利。而代價是本來已經銷售一空的香蕉，帳上還有 50 萬尚未賣出，從而虛增了 50 萬存貨，並導致存貨天數虛增。

　　2020 年台北地方法院就判定東貝以上述手法低計營業成本、高計帳上存貨。如表 6-4 東貝 2019 年第 3 季的存貨天數高達 417 天。這麼高的天數應該只有肉牛業或「養人業」（爸媽養小孩）才能勝過它。

特徵 4：過高的不動產、廠房及設備

　　應收帳款過高除了可能被懷疑做假帳外，也可能被懷疑是否有巨額呆帳費用應承認，會引起查帳會計師及主管機關的注意及嚴查，這對於製造假帳以提高帳上獲利這項偉大志業者而言，是

表 6-4　東貝光電低計營業成本、高計帳上存貨

東貝光電 2019 第 3 季合併資產負債表（摘要）						
會計項目	2019.Q3〔經核閱〕		2018 年度〔經查核〕		2018.Q3〔經核閱〕	
單位：仟元	金額	%	金額	%	金額	%
流動資產						
現金	172,540	1	296,198	2	358,344	2
按攤銷後成本衡量之金融資產—流動	65,829	-	67,130	-	66,559	-
應收票據	2,422,354	18	2,410,972	17	2,528,981	18
應收票據	1,305	-	1,342	-	1,331	-
其他應收款	411,233	3	390,896	3	398,086	3
其他應收款—關係人淨額	2,807	-	2,187	-	4,394	-
存貨	4,014,848	30	3,972,789	28	3,890,333	27
其他流動資產	786,377	6	803,878	6	849,056	6
流動資總計	7,877,293	58	7,945,392	56	8,097,084	56
非流動資產						
透過其他綜合損益按公允價值衡量之金融資產—非流動	259,355	2	420,676	3	514,254	4
按攤銷後成本衡量之金融資產—非流動	337,826	3	282,264	2	264,351	2
採用權益法之投資	200,532	1	216,607	2	216,622	2
不動、廠房及設備	4,296,088	32	4,349,367	31	4,358,388	30
使用權資產	18,244	-	-	-	-	-
其他無形資產	132,266	1	142,363	1	145,761	1
遞延所得稅資產	60,271	-	58,053	-	59,833	-
存出保證金	35,322	-	64,371	-	65,955	1
預付設備款	331,324	3	352,292	3	322,655	2
長期預付租金	-	-	20,665	-	20,688	-
其他非流動資產	35,725	-	296,792	2	300,590	2
非流動資產總計	5,706,953	42	6,203,450	44	6,269,097	44
資產總計	13,584,246	100	14,148,842	100	14,366,181	100

> 存貨週轉天數
> 2019 年 9 月 30 日：417 天
> 2018 年 12 月 31 日：361 天

資料來源：公開資訊觀測站

不能接受的。解決的方法主要有 3 種：將應收帳款轉成不動產、廠房及設備、長期投資、現金及雜項資產。我們先講轉入不動產、廠房及設備。

如果一家公司的應收帳款不合理，但應收帳款突然在某一個時點消失不見，而不動產、廠房及設備卻大幅增加，有可能是該企業以高於市價方式購入資產（例如設備），迂迴的將過高的應收帳款轉入此科目了。複核的方法是比較營業額相當之同業，其不動產、廠房及設備之金額。

2020 年台北地方法院就判定東貝為了掩飾因假交易而高漲的應收帳款，而將一部分虛假的應收帳款轉入不動產、廠房及設備。

特徵 5：過高的長期投資

做假帳的公司也可能藉由高價投資股票方式，消化應收帳款或掏空公司資產。這交易如果占被投資公司 50% 以上的股權，這家被投資公司就會被編入合併報表，其過高的價格就會反映在商譽上。依財報的編製規定，商譽會表達在合併資產負債表的「無形資產」或「商譽」科目上。這筆交易如果占被投資公司不到 50% 的股權，依財報的編製規定，大多會表達在合併資產負債表的「按權益法之投資」這個科目上。

土地、廠房或設備大多有市價可參考或推算，要追查價格是否太高比較容易。未上市櫃公司的合理股價就比較不容易推算。曾有著名的外資投行告訴我「股價的主要依據是未來的獲利假設，對於傳產事業，例如銀行、保險、食品、通路、化工及汽車等等，他們的獲利比較容易預期，其合理股價也就很容易推算，但對於電子、遊戲、生醫等企業的合理股價就很難推算了。」

　　樂陞未爆發弊案前，曾從事幾個大型併購案，這些併購案的價格有沒有過高我不清楚，其在出事後重編之 2016 年財報中，曾對相關長期投資打掉約 26 億元的商譽及其他無形資產。

特徵 6：過高的現金

　　轟動一時的博達案，有上萬名投資人受害。博達科技自 1999 年 12 月，以每股新台幣 85.5 元在台灣證券交易所上市後，股價一路上揚，2000 年 4 月股價飆漲至 368 元，登上股王寶座，2002 年更被媒體評為是「不景氣時的投資瑰寶」。

　　但其實該公司自 1999 年起即以循環交易的方式美化財報，製造 160 億元的假交易及 1.7 億美元假存款。2003 年該公司本業於當年度第 1 季首度出現虧損，據媒體報導，過去一直存在的應收帳款過高問題，第 1 季更加嚴重，平均收款天數達到 347 天，本業未見轉機。

到了 2004 年，就爆發出做假帳的醜聞，引起市場一片譁然。檢調發現，博達科技在葉素菲擔任董座期間，透過虛增營業額、以境外交易套取公司資金、發行不實海外公司債等手法，掏空公司資產 63 億元。

在整個假交易及假帳醜聞中，博達為了減少應收帳款金額，將幾十億元的應收帳款「賣」給國外銀行，為了讓銀行願意收買這批應收帳款，博達與銀行協議，在銀行尚未收到應收帳款的錢時，銀行支付這批應收帳款的錢，博達不能動用。

換句話說，搞了半天這個交易有做等於沒做。博達因此在交易帳上虛減應收帳款、虛增現金。我們可以從表 6-5 中看出博達 2002 年「現金及銀行存款」，再加上「短期投資淨額」合計高達 47 億元，可供該公司正常營運超過 8 個月。但另一方面，我們可看出該公司當年度之長短期借款超過 92 億元。

或許一般投資人不了解博達背後的數字遊戲，但隱約還是可從財報上看出端倪。根據博達 2002 年財報數字顯示，當年度該公司有 92 億元的長短期借款，而手上現金卻高達 53 億元。另一方面，眾所皆知，把錢放在銀行生的利息低，但是向銀行借款的利息卻很高。

我們從表 6-6 中可以看到，博達因為債台高築，導致 2002 年利息費用超過 4 億元，但利息收入卻不到 2,000 萬元；支付高

表 6-5　博達滿手現金卻債台高築

博達科 2001~2002 資產負債表（摘要）				
會計項目	2002 年度		2001 年度	
單位：仟元	金額	%	金額	%
流動資產：				
現金及銀行存款	**4,177,406**	**21**	**1,683,057**	**9**
短期投資淨額	**520,146**	**3**	**1,512,135**	**8**
應收票及帳款淨額	2,887,728	15	3,459,805	19
應收關係人票據及帳款淨額	141,604	1	49,559	-
存貨淨額	893,740	5	1,093,582	6
預付款項及其他流動資產	679,225	3	348,829	2
	9,299,849	48	8,146,967	44
長期股權投資	4,588,522	24	4,070,508	22
固定資產淨額	5,286,268	27	6,054,597	33
其他資產	270,413	1	277,799	1
資產總計	19,445,052	100	18,549,871	100
負債及股東權益				
流動負債：				
短期借款及應付短期票券	**1,800,342**	**9**	**1,945,014**	**10**
應付票據及帳款	145,140	1	656,489	4
一年內到期長期負債	**605,800**	**3**	**497,061**	**3**
應付費用和其他流動負債	163,129	1	238,686	1
	2,714,411	14	3,337,250	18
長期負債：				
應付可轉換公司債	**2,904,123**	**15**	**3,095,848**	**17**
長期借款	**3,874,201**	**20**	**2,401,605**	**13**
應計退休金負債及其他	62,244	-	18,550	-
	6,840,568	35	5,516,003	30
負債合計	9,554,979	49	8,853,253	48

> 現金及銀行存款＋短期投資淨額約為 47 億元

> 流動借款＋長期借款總計超過 92 億元

股本	3,428,847	18	2,667,958	14
資本公積	6,020,261	31	6,242,225	34
保留盈餘	437,726	2	786,624	4
累積換算調整數	3,239	-	(189)	-
股東權益合計	9,890,073	51	9,696,618	52
承諾及或有負債				
負債及股東權益總計	19,445,052	100	18,549,871	100

資料來源：公開資訊觀測站

額的利息費用，也是當年度純益僅剩 1.5 億元的主因之一。試想在這種情況下，一家公司既然手上有那麼多現金，為何不趕快把負債償還掉，以減少利息支出呢？

十幾年前我還是執業會計師時，有家公司增資 20 幾億元，某天公司老闆來找我，他先是抱怨了友所的簽證會計師，希望委託我來簽證。老闆說，辦理的現金增資存放在瑞士，要函證沒問題，還會額外給我 1,000 萬。我並沒有接下此委託，主要在於為什麼辦理增資的錢要放在瑞士？還要額外給我報酬？果不其然，幾年後該公司就爆發經營危機。

其實，現金高沒有關係，即使現金與借款兩者都高也沒有關係，這是因為大公司特別是跨國公司，往往因為各子公司間調度不便、外匯管制（據說央行有時不大喜歡太多的美金換成台幣）、稅務規畫（從國外匯回盈餘有巨額股利所得稅）、公司治理（匯回盈餘有法律事項要處理）、甚至為了套利（台灣借款利

表 6-6　利息支出遠超過利息收入，不合常理

博達科　2002 年損益表（摘要）				
會計項目	2002 年度		2001 年度	
單位：仟元	金額	%	金額	%
銷貨收入	6,479,440	100	8,171,950	100
減：銷貨退回及折讓	7,431	-	17,439	-
營業收入淨額	6,472,009	100	8,154,511	100
銷貨成本	5,353,095	83	6,493,641	80
營業毛利	1,118,914	17	1,660,870	20
減：未實現營業毛利減少（增加）	(6,823)	-	13,201	-
已實現營業毛利	1,112,091	17	1,674,071	20
營業費用				
銷售費用	188,573	3	147,302	2
管理及總務費用	196,671	3	173,193	2
研究發展費用	84,543	1	120,971	1
營業費用合計	469,787	7	441,466	5
營業淨利（淨損）	642,304	10	1,232,605	15
營業外收入及利益				
利息收入	19,462	-	51,573	-
處分長短期投資利益淨額	64,690	1	42,069	1
兌換利益淨額	-	-	96,210	1
其他收入	48,510	1	28,976	-
	132,662	2	218,828	3
利息費用	407,596	6	398,510	5
投資損失淨額	185,487	3	112,063	1
兌換損失淨額	92,194	1	-	-
其他損失	8,295	-	31,455	-
	693,572	10	542,028	6
營業部門稅前淨利	81,394	2	909,405	12
所得稅費用（利益）	(17,716)	-	17,294	-
營業部門淨利	99,110	2	892,111	12
非常利益	55,475	1	46,882	1
本期淨利	154,585	3	938,993	13

> 2002 年利息收入僅為近 2 千萬，但利息費用（支出）卻高達 4 億元。利息支出遠超過利息收入，不合常理。

資料來源：公開資訊觀測站

表 6-7　僅康友的利息收入低於財務成本

2022 年底	台積電	聯發科	瑞昱	康友（2019 年）
現金及投資	1 兆 5,615 億	2,705 億	609 億	56 億
利息收入	224 億	32 億	10 億	0.6 億
各式借款（含租賃）	8,882 億	150 億	166 億	11 億
財務成本	117 億	4 億	2 億	1 億

資料來源：作者整理

率幾乎全球最低）等等因素，造成現金及借款都高的現象，以致公司一方面錢滿為患，一方面還要借款週轉。但有一點值得注意的就是，理論上，從高額現金及投資而來的利息收入，要大於較低金額的各項借款的財務成本。否則只剩下 2 個原因：一是財務主管能力異常欠缺，另外一個理由當然是帳上的現金「有問題」。如表 6-7 所示，台積電、聯發科及瑞昱 3 家公司都有很高的現金與投資以及金額相對較低的借款，但是報表上呈現的利息遠高於財務成本！反觀 2019 年康友的財務成本與利息收入比例就極不合理！

特徵 7：過高的雜項資產

　　大股東有資金需求而需一時挪用公司資金的方式通常有 3：一是透過人頭公司與公司交易，再透過延遲付款的方式，挪用應收帳款，這在報表上會產生高額應收帳款；二是透過其他交易產

生其他應收款，這在報表上會產生高額的其他應收款；三是透過預付材料款、租金等方式將資金撥出去，這在報表上會產生高額的預付款項或存出保證金。因此，**當一家公司長期一直存在高額的其他資產、預付款項或存出保證金等雜七雜八資產，而同業沒有或金額很低時，投資人就要小心了。**

製造假帳常見的 6 大非財務警訊

做假帳的公司在被發現前，投資人除了可以經由財報異常窺探一二之外，還可以經由下列幾個非財務警訊來加強判斷。這些警訊之部分項目通常會在假帳爆發前「先後」或「同時」出現。接下來我們來探討以下 6 個警訊：

警訊 1：老闆的誠信被質疑

通常一家公司出事之前，市場上會有耳語或報載這家公司異常的現象。通常市場的質疑未必會成真，但是只要一家公司的老闆平時做生意的手法不按牌理出牌，或是行事不按一般的誠信原則，就是一個警訊。

比如一旦市場傳言老闆去賭博，更是警訊中的警訊。和旺建設董事長在假帳爆發前，市場就傳言他在澳門豪賭欠下賭債，爾後他承認這幾年來為了公司營運以及個人花費所需的資金，陸續

向地下錢莊借了約 10 億元，高額的利息，讓他平均每 3 個月就要多還一個本金，而必須挪用公司資產、出售土地價款、盜用公司支票，以清償個人債務。

最後於 2015 年 4 月，爆發股票違約交割及跳票事件。從和旺董事長、配偶及二親等親屬之股數質押成數來看，董監事顯然非常缺錢。（參見表 6-1）

警訊 2：經營階層變動

如果一家公司做假帳或有掏空的動作，情況惡化到紙快包不住火時，**經營階層有些人會離開。一般來說，主要有 4 種人，一是財務長或是會計長，第二是獨立董事，第三是一般董事，第四是董事長。**

這 4 種人當中，哪一種人離開會是警訊的**先行指標？答案是財務長或會計長。**一家公司做假帳做到紙快包不住火時，公司最高的經營者董事長一定知道，一般財務人員通常也知道，唯一不知道的可能是獨立董事，獨董有可能會被蒙在鼓裡。那麼，為何是財務長會先離開呢？因為財務長不喜歡做假帳。

今天財務長會願意配合，是因為他相信董事長有能力解決這個危機，例如董事長最終會拿錢出來把應收帳款補平。所以一開始基於養家活口可能會配合。但事實上董事長有沒有補平帳上缺

口這個能力，只有董事長自己知道，可是董事長即使意識到他已經沒有這個能力，他也不能告訴財務長及其他人，否則公司豈不立刻出問題。董事長是公司大股東，而且出事了他要被抓去關，所以即便他內心很痛苦，表面上也要表現出沒問題，以安撫人心。

當財務長最終體認到董事長沒有能力解決問題時，他就會先離開，並希望有誤入叢林的小白兔趕快來取代他。因此當做假帳公司快撐不住時，財務人員的異動可說是先行指標。

第二個指標就是獨立董事，但通常獨立董事離開的時候已經來不及了。因為獨董絕大多數是被矇騙的人，等到獨董都知道且請辭的時候，表示紙已經燒起來了，醜聞已經爆發或即將爆發了，這時候對投資人來說已經太慢了。

所以如果投資人閱讀一家公司的財報，發現該公司的負債比率偏高時，可以到「股市公開資訊觀測站」查詢其人事異動，一旦發覺財會經理離職或是職務調整時，你必須更加小心，因為這代表可能連財務經理都不看好這家公司，決定離開了。

警訊 3：股票價格異常飆漲

當大風來時連豬也會飛，但是當景氣不錯，可能大家都飛到 508 公尺的 101 大樓高度，此時若有一隻豬飛到 3,952 公尺的玉

山高度，恐怕就是警訊了。

因為，一家公司的股價與擁有相同技術且規模相當的同業不會相差太遠，同業好、個別公司也會好；同業差、個別公司也好不到哪裡去。如果一家公司的股價不同於同業、也與公司未來前景不相干，通常暗示這家公司在炒股票，而炒股票的公司可能為了要把股價炒高，而去做假帳。

警訊 4：市場上利多消息不斷

炒作股票最喜歡也往往最有效的手段是透過媒體或網路散布利多消息。當報章雜誌傳出特定公司的利多消息，如果這個消息符合重大訊息認定標準，且可能會影響股價時，交易所或櫃買中心的監理部門就會打電話要公司的發言人澄清。

按規定，發言人必須要在每天早上開盤之前做澄清。**一家公司如果不斷的放出利多消息，發言人又常常在做澄清，也往往暗示公司在炒股票。**投資人要了解利多消息是不是公司放出去的，可以去查公開資訊觀測站上的「重大訊息與公告」一欄中特定公司的版面。在此版面中，發言人大多會說「這則消息是媒體善意的揣測與報導，公司不予置評」。如果公司澄清利多消息一次就算了，但若連續好幾次，通常暗示這利多消息是公司放的，目的當然就是炒股票。

比如生產電腦機殼的仕欽科技就是一例。該公司自 1998 年公開發行，2005 年起營收下滑，營運資金日益短缺；2008 年陸續發生退票，債權銀行發現公司偽造銷貨單據詐貸，2009 年撤銷公開發行，並於 2012 年停業。

該公司董事長自承公司美化財報，向銀行貸款 20 餘億元。2008 年該公司爆發退票事件之前，就在市場上大炒利多，對外表示手機訂單大增或大廠有意入主，吸引不少法人介入，另一方面卻又頻繁發布更正或澄清訊息，最後證明子虛烏有。

警訊 5：企業處於被借殼後的初期階段

台灣總共有約 1,700 家上市櫃公司，其中殭屍股大概有 300 家。所謂殭屍股或企業，就是基本上沒什麼營收，獲利不佳，股票也沒有什麼交易的公司。這些殭屍企業往往會成為短期內無法上市上櫃的公司借殼上市的對象。

借殼上市對於被借殼的殭屍企業是好事，因為它讓股價低又賣不出去的股東有新希望或順利脫手，讓擔心失業的員工可以保住工作，讓瀕臨死亡的公司重新活過來。借殼上市對於借殼的公司也是好事，它讓借殼公司藉此脫胎換骨，可以藉由資本市場的助力去追求更大的成長。

但是根據我的經驗，有一部分借殼公司之所以要借殼上市，

是因為自身的財務狀況不好。這麼說起來似乎有些矛盾，理論上要借殼的公司，其財務狀況應該很好，否則怎麼出得起至少上億元的借殼費呢？

事實上，一些借殼公司或其大股東因為財務狀況不好，才希望藉由「借一個殼」活化自己的資產，也就是透過被借殼公司買入借殼公司的財產，此時會以辦理現金增資，或將被借殼公司大股東的股票轉給借殼公司大股東之手段，讓自己原來不能買賣的股票經由借殼變成上市櫃公司的股票。

財務不好而去借殼的公司，成功借殼後很可能會去炒作股票，因為他們希望透過股票利得去改善公司或大股東個人的財務狀況。另外，也有少數借殼上市案淪為借殼專業人士的遊戲，等到借殼成功以後，若不去從事驚險又刺激的炒股活動，還有天理嗎？

通常像這種公司一借殼之後，就會開始散布業務移轉的消息，來刺激市場。此外，在整個炒股期間也會不斷散布各項利多消息，並且讓公司業績不斷的出現驚奇。

揚華科技就是最好的案例之一。揚華的前身是「金美克能」，原來從事居家清潔及個人保養用品的業務，在 2012 年 3 月被氮晶科技借殼後，改名為揚華科技，主要業務轉型為綠能產業，改作 LED 的生意，此後利多及業績成長消息不斷。

表 6-8　借殼上市後，營收成長異常：以揚華科技為例

年度	2014 年	2013 年	2012 年
營業收入	29.2	14.7	6.3
營收成長率	＋ 98%	＋ 136%	＋ 91%
營業活動現金流入（出）	-0.56	-2.62	-1.99

資料來源：公開資訊觀測站，作者整理

> 營收自 2012 年起連續三年大幅成長，但是營業活動的現金流卻每年都是負的

　　從表 6-8 中我們可以看到，2012 年借殼成功以後，揚華財報上的營收連 3 年出現驚人的成長數據。這個成長數據太完美以致很難是真的。何以見得？因為**一家公司被借殼後，如果連續 2 年成長是很正常的，但是超過 3 年就不正常了**。為什麼？

　　我們假設借殼是在期中 7 月 1 日，因為借殼進來，所以第 1 年會增加半年的業務，第 2 年則是增加了一整年的業務，所以第 1 年與第 2 年的營收會大幅成長是合理的，可是如果到第 3 年還在大幅成長，憑什麼？這就是一個警訊。

　　此外我不斷提到，要看公司有沒有做假帳，第一是看營收成長，尤其是連續好幾年大幅成長。第二是看營業活動之現金流量。如前所述，一家公司的營業收入在增加，但是一直沒有現金流量，其實是危險的。

　　從揚華的現金流量來看，其營收雖然大幅成長，但營業活動

的現金流量卻每年都是負的，看起來就是「怪怪的」。

由於歷史上有少數借殼公司行為不當，我建議投資人要投資借殼成功後 3、4 年之內的公司，一定要多一分小心，尤其是該公司利多消息不斷，營收大幅成長，一定要特別留意。

警訊 6：處於不太好的產業卻獲利異常

當產業景氣好時，產業內大多數公司都可以賺到錢，但是當市場改變造成景氣不好時，通常產業內只有經營效率最好的公司會賺錢。因此，當業內景氣不好時，一家公司還能發展得比同業好，一定是有某種強項；反之，**當一家公司沒有明顯的強項，收入與獲利卻比同業高很多，就是警訊。**

曾經風光一時的印刷電路板廠雅新就是一例。以印刷電路板當時的景氣，除非做的是軟板或高階板，否則不容易賺錢。出事之前，技術及產品皆普通的雅新，每年卻都能穩定的賺到 EPS 2 塊多，實在是太厲害、太穩定了，最後董事長終於承認虛增營收做假帳。

很多投資人有一疑慮：「當我發現上述 6 個警訊時，某種程度上來說，是不是代表為時已晚？」從我的經驗來看，其實還不晚，還有挽救的餘地。因為通常做假帳矇蔽投資人的公司，大多是在假帳做了 2、3 年後才會被抓到。

所以，建議投資人要避免踩到假帳地雷，首先要研究產業，對產業有宏觀的了解，其次要熟讀本書內容，了解財報數字背後的意義。具備知識再來投資，可以大幅提升投資成功的勝率。

回到撰寫這本書的初衷，我認為財務報表透露出來的訊息很多，它可以告訴閱讀者，標的公司的資產、負債是否具備高品質？乾不乾淨？營運模式有無結構性獲利能力，以及獲利健不健康？

此外，它無形中也透露出經營者的經營理念、管理力度，以及是否妥善運用資源？企業總體是否穩健？是否聚焦？是否有競爭力？甚至公司文化是否追求卓越？

要看出這些隱含在數字背後的意義，除了需要懂得如何解讀財務三大表，還要有適當的產業知識以及追根究柢的精神與毅力。三大表的意義以及如何追根究柢，我已經在本書中提出相關指標和計算方法。適當的產業知識，本書略有提及，但更深層次則有待讀者個人努力研究，或者可參考我的另一本書《從財報數字看懂產業本質》。

例如我們評估遊戲產業，有時會看到高達數億元的「其他應收款」，這個數字在其他產業很奇怪，但在遊戲產業則是常態。因為遊戲業者通常會在便利商店、中華電信等通路販售遊戲點數，這些由便利商店、中華電信收款卻尚未轉付予遊戲公司的帳

款，依 IFRS 的規定必須帳列在「其他應收款」，而非「應收帳款」。如果對於遊戲產業的生態和知識沒有一定的了解度，就不會知道為什麼遊戲產業帳上有很大的「其他應收款」。

　　所有的書籍和課程裡的觀念，都是給予釣竿，而非直接給魚吃。期許讀者了解閱讀財報的方法之後，再加上自己研究的產業知識，才能真正從財報數字中看到企業經營的全貌。

大會計師教你從財報數字看懂經營本質【增訂版‧全新案例】

作者	張明輝
商周集團執行長	郭奕伶
商業周刊出版部	
總監	林雲
責任編輯	方沛晶（初版）；羅惠萍、林亞萱（二版）
封面設計	FE DESIGN 葉馥儀
內頁排版	中原造像
出版發行	城邦文化事業股份有限公司 商業周刊
地址	115020 台北市南港區昆陽街 16 號 6 樓
	電話：（02）2505-6789　傳真：（02）2503-6399
讀者服務專線	（02）2510-8888
商周集團網站服務信箱	mailbox@bwnet.com.tw
劃撥帳號	50003033
戶名	英屬蓋曼群島商家庭傳媒股份有限公司城邦分公司
網站	www.businessweekly.com.tw
香港發行所	城邦（香港）出版集團有限公司
	香港灣仔駱克道 193 號東超商業中心 1 樓
	電話：（852）2508-6231 傳真：（852）2578-9337
	E-mail：hkcite@biznetvigator.com
製版印刷	中原造像股份有限公司
總經銷	聯合發行股份有限公司 電話：（02）2917-8022
初版 1 刷	2019 年 6 月
二版 1 刷	2023 年 10 月
二版 9 刷	2024 年 8 月
定價	420 元
ISBN	978-626-7252-94-9（平裝）
EISBN	9786267252963（PDF）╱ 9786267252970 (EPUB)

國家圖書館出版品預行編目（CIP）資料

大會計師教你從財報數字看懂經營本質【增訂版‧全新
案例】／張明輝著 . -- 二版 . -- 臺北市：城邦文化事業股
份有限公司商業周刊 , 2023.10
　面；　公分
ISBN 978-626-7252-94-9（平裝）

1.CST：財務報表　2.CST：財務分析

495.47　　　　　　　　　　　　　　112011915

金商道

*The positive thinker sees the invisible, feels the intangible,
and achieves the impossible.*

惟正向思考者，能察於未見，感於無形，達於人所不能。 —— 佚名